本书获湖南科技职业学院教材立项出版资助

工业机器人离线编程与仿真

王曦鸣　皮　杰　谭见君　主编

中南大学出版社
www.csupress.com.cn
·长 沙·

图书在版编目(CIP)数据

工业机器人离线编程与仿真／王曦鸣，皮杰，谭见君
主编. —长沙：中南大学出版社，2023.5
ISBN 978-7-5487-5059-8

Ⅰ.①工… Ⅱ.①王… ②皮… ③谭… Ⅲ.①工业机
器人－程序设计②工业机器人－计算机仿真 Ⅳ.①TP242.2

中国版本图书馆 CIP 数据核字(2022)第 149529 号

工业机器人离线编程与仿真
GONGYE JIQIREN LIXIAN BIANCHENG YU FANGZHEN

王曦鸣　皮杰　谭见君　主编

□出 版 人	吴湘华	
□责任编辑	胡小锋	
□责任印制	李月腾	
□出版发行	中南大学出版社	
	社址：长沙市麓山南路	邮编：410083
	发行科电话：0731-88876770	传真：0731-88710482
□印　　装	长沙艺铖印刷包装有限公司	

□开　　本	787 mm×1092 mm 1/16	□印张 15.25	□字数 381 千字
□版　　次	2023 年 5 月第 1 版	□印次 2023 年 5 月第 1 次印刷	
□书　　号	ISBN 978-7-5487-5059-8		
□定　　价	39.00 元		

前 言

Foreword

工业机器人是集数学、力学、机械、电子、自动控制、计算机、传感器、人工智能等多学科知识的重要自动化装备，是实现自动化生产，提高社会生产效率，推动企业和社会生产力发展的有效手段。它能帮助企业实现搬运、装配、上下料、焊接、切割、打磨、喷漆等作业的自动化。随着工业机器人应用越来越广泛，高校亟需培养面向工业机器人应用的高端技术技能人才，以满足国家、企业和社会的需求。

工业机器人离线编程与仿真是指在机器人支持的软件环境下，使用专用或通用的机器人编程语言，在机器人离线情况下进行机器人轨迹规划编程与应用仿真的方法。它能减少机器人停机的时间，适用于复杂的机器人编程任务，易于和 CAD/CAM 系统结合，实现设计、制造和机器人编程的一体化，有利于提升生产质量和效率。因而，工业机器人离线编程与仿真技术应用越来越广泛。

本书主要针对高等院校学生的培养需求，结合实际中的工业机器人典型应用，对照工业机器人相关 1+X 职业技能等级证书的要求进行编写。全书共分为 6 个项目，遵循从认识到操作再到应用创新的规律，以知识引领、项目引导、任务驱动的形式，帮助学习者在实施工业机器人搬运、弧焊、输送链跟踪上料、激光切割等离线编程与仿真的项目过程中，了解工业机器人工作站的组成，学会创建工业机器人仿真工作站，掌握机器人编程与仿真相关理论知识，学会编写和调试机器人应用程序，制作机器人应用动画效果。每个项目融入了课程思政内容，强化学生的工程伦理意识，注重培养学生求知、担当、精益、拼搏、创新的工匠精神和爱国主义情怀，引导学生树立技能报国的理想信念，落实立德树人的根本任务。本书在学银在线平台中提供了本书相关的教学辅助资源，如教学课件、学习视频、模型及仿真文件、动画、教学参考与拓展资料。

在本书编写过程中，编者参阅了国内外相关资料，在此向资料的原作者表示衷心感谢。对支持和关心本书编写的领导和同仁们表示衷心感谢。工业机器人离线编程与仿真是工业机器人应用的重要技术，希望本书能够成为推动工业机器人教育发展的有益探索，有助于学习者更好地学习工业机器人离线编程与仿真技术。

由于编者水平有限，书中不足之处，希望各位专家和广大读者批评指正。

目 录

Contents

项目 1

认识工业机器人离线编程与仿真技术

1.1 项目背景

　　新学期开始了，小科发现本学期开设了一门工业机器人编程的课程，老师叫大智。工业机器人作为高新技术发展的重要成果，已广泛应用于工业领域。小科心里想：现代科学技术知识日新月异，自己一定要跟上时代的步伐，努力学习和掌握工业机器人的新知识、新技术。他决心要跟着大智老师认真学习。

1.2 学习目标

知识目标：
- 了解工业机器人的定义及应用。
- 了解工业机器人编程的分类。
- 掌握工业机器人离线编程与仿真的概念及应用意义。
- 掌握 RobotStudio 软件功能及界面。

能力目标：
- 能下载和安装 RobotStudio 软件。
- 能解包工作站并运行仿真。

素养目标：
- 引导学生积极拓宽视野，树立求知意识。
- 通过了解工业机器人离线编程与仿真技术的应用，感受科技的魅力，培养学习兴趣，树立自信。

1.3 项目分析

　　本项目介绍工业机器人离线编程与仿真技术相关知识，为后续项目开展打下基础，主要包括工业机器人的定义及应用，工业机器人编程的分类，工业机器人离线编程与仿真的概念及应用意义，最后带领大家下载、安装 RobotStudio 软件，熟悉 RobotStudio 软件的功能界面，解包并仿真运行 1 个仿真文件。

1.4　知识链接

1.4.1　工业机器人的定义及应用

国际标准化组织(ISO)给出的工业机器人的定义是：工业机器人是一种自动的、位置可控的、具有编程能力的多功能机械手。这种机械手具有多个轴，能够借助于可编程序操作来处理各种材料、零件、工具和专用装置，以执行多种任务。

工业机器人主要由机器人本体、驱动系统和控制系统三个基本部分组成。它可接受人类指挥，也可以按照预先编排的程序运行。现代工业机器人还可根据人工智能技术制定的原则纲领行动。目前，工业机器人广泛应用于各个行业，在汽车制造、电子电气、橡胶及塑料、铸造、食品、化工、家用电器、冶金、烟草等行业从事搬运、装配、焊接、上下料、切割、打磨、码垛、喷漆等工作。

(1)工业机器人搬运应用

搬运是工业机器人常见的应用。在 IC 与贴片元器件制造、塑料加工、机械制造、食品生产等行业都有工业机器人从事搬运、装配和分拣等工作。在 IC 与贴片元器件制造领域，工业机器人主要用于搬运、插件和装配。在塑料加工行业，机器人不仅适用于在净室环境标准下生产，而且还可在注塑机旁完成高强度作业。图 1-1 所示为 SCARA 型四轴工业机器人与协作机器人在配合进行电子产品的搬运和检测。

图 1-1　工业机器人搬运和检测电子产品

(2)工业机器人焊接应用

焊接机器人是在工业机器人的末端法兰盘上安装焊钳或焊枪，使之能进行焊接。工业机器人焊接最早应用于汽车制造行业。在中国，截至 2022 年大约有 60%的工业机器人应用于汽车制造业，其中50%以上的机器人又是作为焊接机器人来使用。在发达国家，汽车行业的工业机器人占机器人总保有量更高。图1-2是多台工业机器人在协同进行车身的焊接工作。

图1-2　工业机器人焊接车身

（3）工业机器人切割、打磨等加工应用

工业机器人在机械加工行业主要应用于包括切割、钻孔、铣削、折弯和冲压等加工过程，还可用于去毛边、磨削或钻孔等精加工作业以及进行质量检测。图1-3和图1-4分别是工业机器人在进行金属制品的激光切割和铸件打磨。

 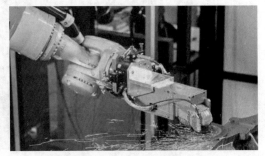

图1-3　工业机器人激光切割金属制品　　　　图1-4　工业机器人打磨铸件

（4）工业机器人码垛应用

人工码垛耗费大量人力，且工人劳动强度大。在手机生产、食品生产、烟草加工以及物流等领域，机器人被应用于分拣装箱、码垛等。采用工业机器人对成品进行码垛作业，既节省了大量人力，又提高了工作效率。图1-5所示为工业机器人代替人工在进行码垛作业。

图 1-5　工业机器人码垛

（5）工业机器人喷涂应用

由于工业机器人防水耐脏，加之汽车、家电等领域对经济性和生产率的要求越来越高，工业机器人被应用于喷涂作业。机器人可更经济、有效地批量完成汽车配件喷漆。图 1-6 所示是工业机器人在给汽车前保险杠进行喷漆。

图 1-6　工业机器人喷涂

1.4.2　工业机器人编程方法的分类

随着工业机器人的广泛应用，工业领域机器人工作任务的复杂程度增加，加之用户对于产品的质量、效率的要求越来越高，因此，机器人的编程方式、编程效率和质量显得越来越重要。目前，主要有两类工业机器人编程方式：工业机器人在线编程和工业机器人离线编程。

工业机器人在线编程是指操作者通过下述方式完成机器人程序的编制：操作者通过示教器控制机械手工具末端达到指定的位置和姿态，记录机器人的位姿数据并编写机器人运动指令，完成机器人的轨迹规划、位姿等关键数据信息的采集记录，来使机器人完成预期的动作。

　　而工业机器人离线编程是指操作者在离线编程软件中构建机器人工作应用场景的三维虚拟环境，然后根据加工工艺等相关需求，进行一系列操作，生成机器人的运动轨迹，得到机器人的控制指令，然后在软件中仿真和调整优化轨迹，最后生成机器人可执行程序并传输给机器人使用。

　　工业机器人在线编程和工业机器人离线编程的优缺点如表 1-1 所示。

表 1-1　机器人在线编程与离线编程优缺点

工业机器人编程方式	优点	缺点
在线编程	编程门槛低，易于上手	示教在线编程过程繁琐、效率低
	操作简单直观	精度由示教者的操作经验决定，对于复杂曲线路径难以取得令人满意的效果
	对实际的机器人进行示教时，可以修正机械结构带来的误差	进行机器人编程时需占用机器人
离线编程	不占用机器人时间	
	能够根据数字场景中的零件形状，自动生成复杂加工轨迹	
	可进行轨迹仿真、路径优化、代码自动生成	模型误差、工件装配误差、机器人绝对定位误差会对编程精度有一定的影响
	可进行碰撞检测、TCP 跟踪	

　　通过以上对比分析可知：

　　①离线编程能在没有机器人的情况下进行，对新任务进行编程时，机器人仍然可以在生产线上工作，因此能减少机器人停机时间。

　　②离线编程能使编程者远离危险的工作环境，改善了编程者的工作环境。

　　③离线编程能满足复杂轨迹、高精度的工业机器人应用需求，对于复杂的编程任务优势突出，而且能够方便修改程序，实现优化编程。

　　④离线编程便于和 CAD/CAM 系统结合，实现机械设计、机械制造和机器人编程的一体化，有利于提升质量和效率。

　　⑤离线编程结合虚拟仿真技术，能为机器人应用实施方案提供验证及展示的途径，能减少不必要的返工和浪费。

1.5　项目实施

1.5.1　任务 1　下载和安装 RobotStudio

（1）下载 RobotStudio 软件

RobotStudio 软件是瑞士 ABB 公司配套的基于 Windows 开发的工业机器人离线编程与仿真软件，从 ABB 官网下载该软件，操作步骤如下：

在浏览器中输入下载地址，进入后单击"DOWNLOAD IT NOW"，便可下载最新版本的软件，如图 1-7 所示。

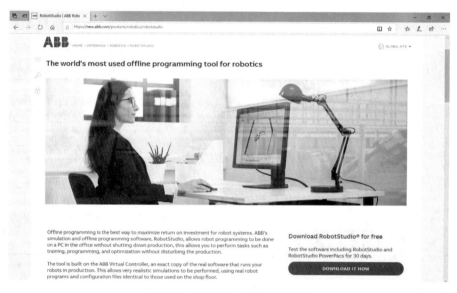

图 1-7　RobotStudio 软件下载

（2）安装 RobotStudio 软件

本任务以 RobotStudio 6.08 版本的软件为例，介绍软件的安装。软件安装的操作步骤如下：

将下载好的 RobotStudio 6.08 压缩包进行解压，打开解压后的压缩包文件夹，双击其中的 setup.exe 文件，启动安装程序。弹出安装对话框，提示"从下列选项中选择安装语言"，选择中文（简体），然后单击"确定"，如图 1-8 所示。

图 1-8　安装语言选择

此时，安装程序提示"正在准备安装"，如图 1-9 所示。

图 1-9 安装准备

安装准备完毕以后，会弹出"欢迎使用 ABB RobotStudio 6.08 InstallShield Wizard"窗口，单击"下一步"按钮，开始软件安装，如图 1-10 所示。

图 1-10 欢迎使用

进入"许可证协议"界面，选中"我接受该许可证协议中的条款"，然后单击"下一步"按钮，如图 1-11 所示。

弹出"隐私声明"窗口，仔细阅读以后选择"接受"按钮，如图 1-12 所示。

进入"目的地文件夹"界面，在这里选择软件的安装位置，然后单击"下一步"按钮，如图 1-13 所示。

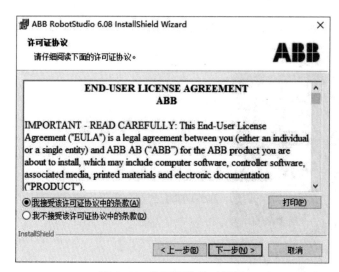

图 1-11　许可证协议对话框

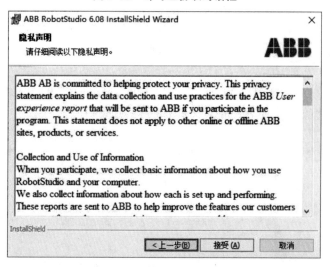

图 1-12　隐私声明对话框

图 1-13　目的地文件夹对话框

此时进入"安装类型"选择界面，有"最小安装""完整安装"和"自定义"三种安装方式。如果选择"最小安装"则只会安装 RobotStudio 软件的在线功能所需的组件，不能进行离线编程操作。因此，为了进行离线编程与仿真，需要选中"完整安装"，单击"下一步"按钮，如图 1-14 所示。

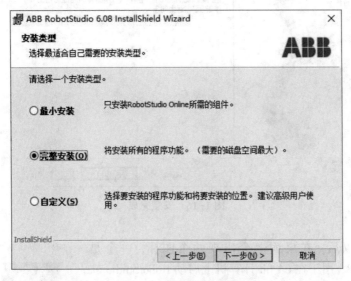

图 1-14 选择安装类型

进入"已做好安装程序的准备"界面后，单击"安装"按钮，开始安装，如图 1-15 所示。

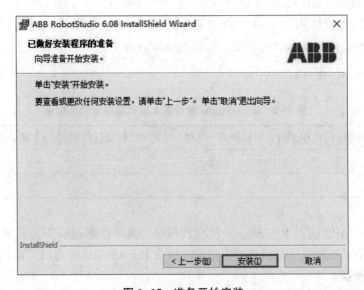

图 1-15 准备开始安装

安装完成以后弹出"InstallShield Wizard 完成"对话框，单击"完成"按钮退出安装向导，如图 1-16 所示。

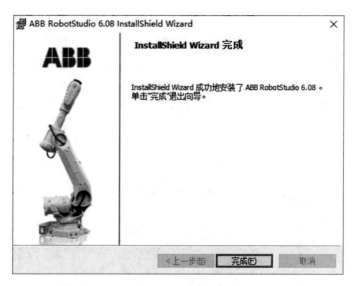

图1-16　安装完成

安装完成以后，在桌面上会出现两个图标，一个是RobotStudio 6.08，用于在64 bit计算机上启动RobotStudio软件，一个是RobotStudio(32 bit)，用于在32 bit计算机上启动RobotStudio软件。使用者可根据实际计算机的配置进行选择，如图1-17所示。

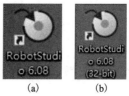

图1-17　RobotStudio软件图标

第一次正确安装RobotStudio软件以后，软件提供30天的全功能高级版免费试用期。30天以后如果还未进行授权操作，则只能继续使用基本版的功能。RobotStudio软件的基本版和高级版的区别如表1-2所示。

表1-2　RobotStudio软件基本版和高级版的区别

	编程、配置和运行虚拟控制器，编程、配置和监控实际控制器	离线编程与仿真功能
基本版	能	不能
高级版	能	能

如果已经从ABB获得RobotStudio授权许可证，则可以通过以下方式激活软件。在进行激活操作之前，要先将计算机连接互联网，因为RobotStudio可通过互联网进行激活，这样操作会更加便捷。

首先选择"文件"选项卡，选择"选项"命令，如图1-18所示。

在弹出的"选项"窗口中，点击"授权"，并在右侧点击"激活向导"，如图1-19所示。

弹出RobotStudio对话框，这时需要根据授权许可证类型，选择"单机许可证"或者"网络许可证"进行激活操作，如图1-20所示。

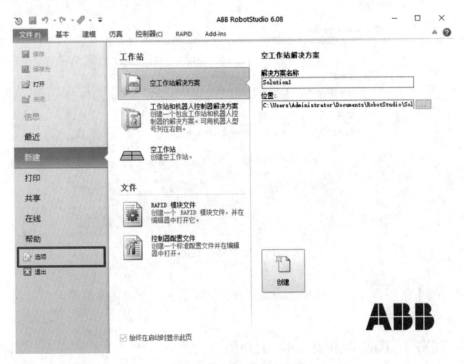

图 1-18　"文件"选项卡

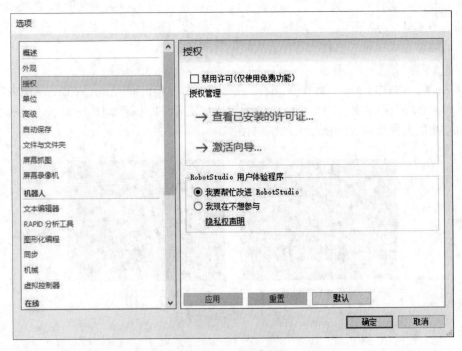

图 1-19　激活向导

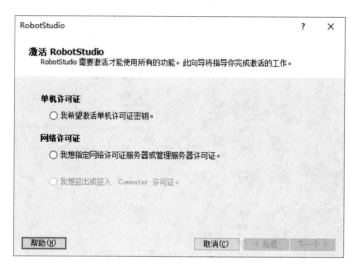

图 1-20　激活 RobotStudio

【练一练】请下载并安装 RobotStudio 软件，构建工业机器人离线编程与仿真软件操作环境。

1.5.2　任务2　认识 RobotStudio 的功能

RobotStudio 软件具有强大的工业机器人离线编程和仿真功能，能实现以下主要功能：

（1）模型导入

RobotStudio 软件可方便地导入各种主流 CAD 格式的模型数据，例如 IGES、STEP、Parasolid、VRML、ACCIS 以及 CATIA 等。由于允许使用这些高精度的数字三维模型，机器人程序员能够生成精确的机器人程序，从而提高产品质量。

（2）自动路径

该功能能够利用 CAD 模型数据，自动生成加工曲线和机器人加工路径，从而大大缩短编程时间，提高编程精度。图 1-21（a）所示为待加工零件的模型，图 1-21（b）所示为利用自动路径功能由模型生成的机器人加工路径。

(a) 待加工零件模型　　　(b) 自动生成路径

图 1-21　自动路径功能

（3）程序编辑

用户能方便地使用程序编辑器，离线开发机器人程序或维护机器人程序，从而缩短编程时间，优化程序结构。

（4）路径优化

如果程序包含接近奇异点的运动路径节点，RobotStudio 可自动检测出来并提示警告，从而避免在实际机器人运行中发生这种情况。仿真监控是用于机器人运动优化的可视工具，能够显示机器人的运动轨迹，提示需改进的地方，使机器人以最有效的方式运行。

（5）可达性分析

利用 RobotStudio 的可达性分析功能，操作人员能够方便快速判断出机器人的工作范围，这种方式直观而且效率高，便于进行系统布置方案的验证和优化。图 1-22 所示为机器人的工作范围显示，可以辅助可达性分析。

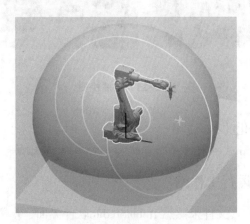

图 1-22　机器人工作范围

（6）在线作业

RobotStudio 能与真实机器人进行连接通信，对机器人进行在线监控、程序修改、参数设定、文件备份和恢复等操作，使得调试与维护工作更方便、快捷。

（7）模拟仿真

利用 RobotStudio 能够根据设计方案，进行工业机器人及其周边设备动作的模拟仿真和节拍验证，为实际工程实施提供参考。

（8）碰撞检测

RobotStudio 中碰撞检测功能能够方便地对物体之间是否发生碰撞进行自动检测和提示，避免在实际应用中因设备碰撞造成不必要的损失。图 1-23 所示为碰撞检测示意图。

（9）应用功能包

RobotStudio 针对一些专门的应用还提供功能强大的工艺包，使机器人更好地与各种工艺应用有效融合。例如 Machining PowerPac，它是机加工、去毛刺飞边、打磨抛光等应用编程工具，能与其他 CAD/CAM 软件配套使用，适用于高品质表面精整与铸件清理。除此以外 RobotStudio 还提供有喷涂、码垛、高速拾取等应用功能包。

（10）二次开发

RobotStudio 提供功能强大的二次开发平台，以适应更多机器人应用，满足机器人研发设计的需要。既可以利用 RobotStudio SDK 用于功能插件和软件界面二次开发，也可以利

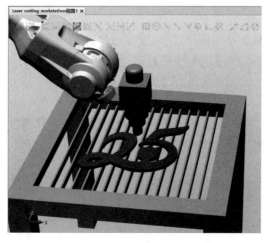

(a) 未发生碰撞　　　　　　　　　　(b) 发生碰撞

图 1-23　碰撞检测

用 PCSDK 开发一些定制化的 PC 应用。

【练一练】RobotStudio 软件有哪些功能选项卡? 各功能选项卡的主要功能有哪些?

1.5.3　任务3　仿真运行工作站

下面通过打开一个仿真文件来熟悉 RobotStudio 软件界面,并仿真运行工作站。

(1) 打开仿真文件

首先,找到 RobotStudio 软件图标,启动软件。在"文件"选项卡下,选择"打开",如图 1-24 所示。

在弹出的"打开"对话框中,选择"Circlegravestation. rspag"单击"打开"按钮,如图 1-25 所示。

点击"打开"按钮后弹出"欢迎使用解包向导",单击"下一个"按钮,如图 1-26(a)所示。进入"选择打包文件"界面,在"目标文件夹"下选择解包后存放文件的位置,单击"下一个"按钮,如图 1-26(b)所示。

图 1-24　选择打开

此时,将弹出"控制器系统"窗口,可选择 RobotWare 版本,然后单击"下一个"按钮,如图 1-27(a)所示。进入"解包已准备就绪"界面,单击"完成"按钮,如图 1-27(b)所示。

等待一会将完成文件的解包,解包后的界面如图 1-28 所示。

可以看到 RobotStudio 软件界面分成 6 个主要区域:选项卡功能区、命令组区、操作面板区、图形显示窗口区、输出窗口区、指令区。除此以外还有位于最下面的控制器状态区,以及右侧的文档管理区。接下来进行详细介绍:

①选项卡功能区

选项卡功能区包含"文件""基本""建模""仿真""控制器""RAPID""Add-Ins"等选项卡,每个选项卡对应于不同的功能,如表 1-3 所示。

打开
« 工业机器人离线编程与仿真 › 项目1
在 项目1 中搜索
组织 ▾
新建文件夹
Stations
OneDrive
WPS网盘
此电脑
3D 对象
视频
图片
文档
名称
Circlegravestation.rspag
Date:
2022/5/
加载几何体
重置模拟控制器（I 启动）
文件名(N):
Circlegravestation.rspag
所有受支持的文件类型 (*.rspag
打开(O)
取消

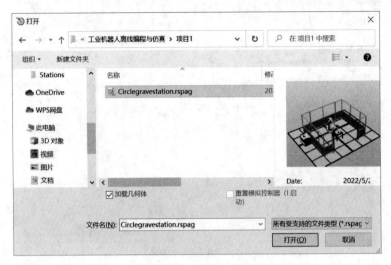

图 1-25　打开仿真文件

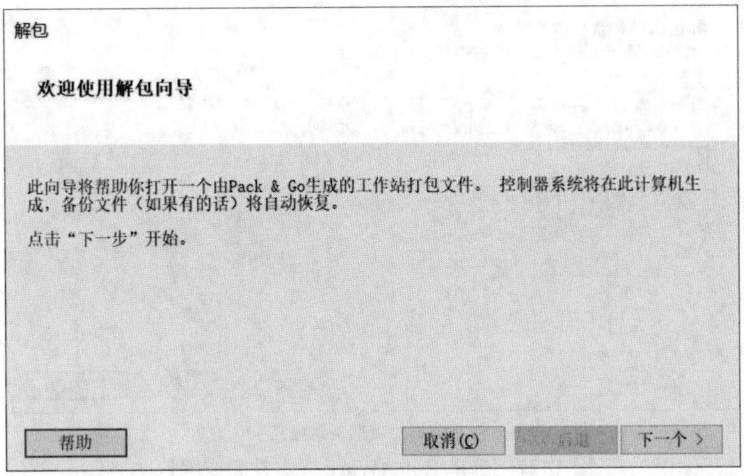
解包
欢迎使用解包向导
此向导将帮助你打开一个由Pack & Go生成的工作站打包文件。 控制器系统将在此计算机生成，备份文件（如果有的话）将自动恢复。
点击“下一步”开始。
帮助
取消(C)
< 后退
下一个 >

(a) 解包

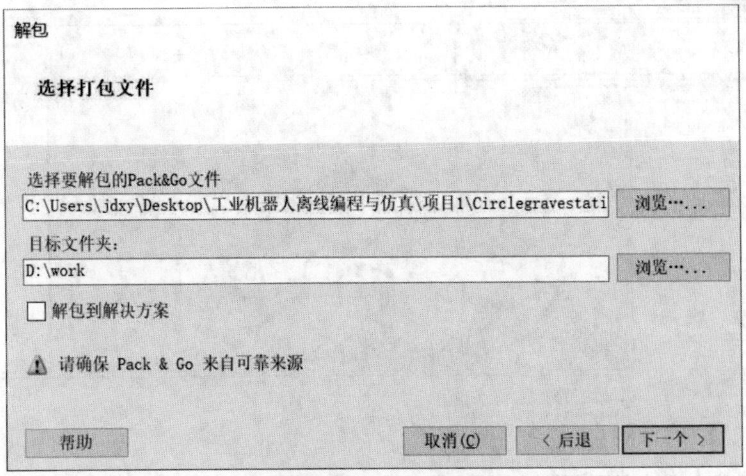
解包
选择打包文件
选择要解包的Pack&Go文件
C:\Users\jdxy\Desktop\工业机器人离线编程与仿真\项目1\Circlegravestati
浏览……
目标文件夹:
D:\work
浏览……
解包到解决方案
请确保 Pack & Go 来自可靠来源
帮助
取消(C)
< 后退
下一个 >

(b) 选择解压后文件存放位置

图 1-26　解包仿真文件

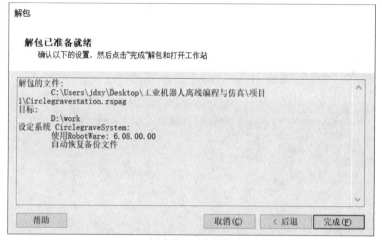

(a) 选择RobotWare版本

(b) 解包已准备就绪

图 1-27 选择 RobotWare 版本并完成解包

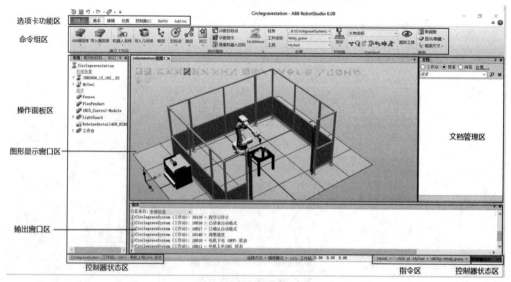

图 1-28 软件界面

表 1-3 **RobotStudio 软件选项卡功能**

文件	包含新建工作站、保存工作站、打开工作站、关闭工作站，信息、共享、在线、帮助、RobotStudio 选项和退出等控件
基本	包含搭建工作站，创建系统，路径编程和摆放物体所需的控件
建模	包含创建和分组工作站组件，创建实体，测量以及其他 CAD 操作所需的控件
仿真	包含创建、控制、监控和记录仿真所需的控件
控制器	包含用于虚拟控制器(VC)的同步、配置和分配给它任务的控件。还包含用于管理真实控制器的控件
RAPID	包含集成的 RAPID 编辑器，用于编辑机器人任务
Add-Ins	包含丰富的针对不同行业的插件，Add-Ins 是可加载 PowerPacs 插件的控件

②命令组区

用来显示各选项卡下的不同命令组。

③操作面板区

操作面板区包含"布局""路径和目标点""标记"三个窗口。"布局"窗口中分层显示工作站中的项目，如机器人和工具等。"路径和目标点"窗口分层显示非实体的各个项目，例如目标点和路径等。"标记"窗口用于显示系统中添加的标记信息。

④图形显示窗口区

图形显示窗口区是软件中的模型显示窗口。

⑤输出窗口区

输出窗口显示工作站内出现事件的相关提示信息，例如，启动或停止仿真的时间、电机状态等。在进行程序调试时，输出窗口中的信息对排除工作站故障十分有帮助。

⑥指令区

在指令区可对要使用的编程指令进行设置和修改。

(2)仿真运行

下面仿真运行工作站文件。

在"仿真"选项卡下，选择"仿真设定"。然后在"仿真设定"界面下，选择任务 T_ROB1，并设置仿真时程序的进入点，如图 1-29 所示。

然后，点击"仿真"选项卡下面的"播放"按钮，如图 1-30 所示，机器人将按照所设定的机器人程序运行，如图 1-31 所示。

【练一练】下载项目所需仿真文件，使用 RobotStudio 软件打开仿真文件，熟悉软件界面和功能，并尝试运行工作站。

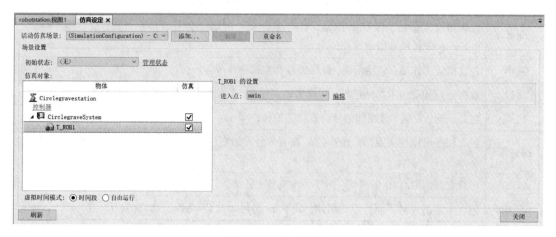

图 1-29　仿真设定

图 1-30　仿真播放

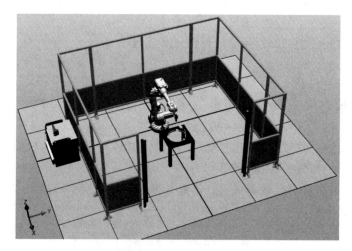

图 1-31　仿真运行

1.6 项目考评

表 1-4 项目考评表

项目名称	认识工业机器人离线编程与仿真技术		
姓名		日期	
项目要求	了解工业机器人离线编程与仿真的相关知识，掌握工业机器人的定义及应用、工业机器人编程方法的分类，熟悉工业机器人离线编程与仿真的概念及意义，学会下载和安装软件，构建工业机器人离线编程与仿真软件操作环境，熟悉软件功能和操作界面，为后续项目开展打下基础		
序号	考查项目	考查要点	评价结果
1	知识	1. 工业机器人的定义及应用	□掌握　□初步掌握　□未掌握
		2. 工业机器人编程的分类	□掌握　□初步掌握　□未掌握
		3. 工业机器人离线编程与仿真的概念及意义	□掌握　□初步掌握　□未掌握
		4. RobotStudio 的功能和界面	□掌握　□初步掌握　□未掌握
2	技能	1. 下载和安装 RobotStudio	□优秀　□良好　□一般　□继续努力
		2. 解包并仿真运行工作站	□优秀　□良好　□一般　□继续努力
3	素养	自信、求知	□优秀　□良好　□一般　□继续努力
学习体会			

1.7 项目拓展

同学们，你们还知道哪些品牌的工业机器人？它们支持的离线编程与仿真软件是什么？请大家课后搜集你感兴趣的工业机器人离线编程与仿真技术的应用案例，并说一说工业机器人离线编程与仿真技术在实际应用中的作用。

项目 2
创建工业机器人仿真工作站

2.1 项目背景

　　国庆节即将来临，小科想绘制五星红旗送给小伙伴们。五星红旗是中华人民共和国的国旗，五星红旗的五颗星象征着在中国共产党的领导下，中国各阶级人民一心向着中国共产党。"每当看到五星红旗冉冉升起时，我的心中总是无比的自豪，我想用机器人来绘制五星红旗。"小科对大智老师说。大智老师拿出一个五角星形状的工件说："那我们先来学习如何创建一个工业机器人仿真工作站，让机器人沿着这个五角星边缘运动。"

2.2 学习目标

知识目标：
- 了解工业机器人工作站的基本组成。
- 掌握工业机器人仿真工作站创建和布局的流程。
- 认识任务、程序模块和例行程序。
- 掌握常用程序数据工件坐标。
- 掌握常用的机器人运动编程指令及常用功能 Offs。

能力目标：
- 能创建和布局工业机器人仿真工作站。
- 能创建机器人系统和手动操纵机器人。
- 会创建工件坐标和加载机器人程序。
- 能仿真运行工作站并录制仿真视频。
- 能够离线示教创建机器人程序。

素养目标：
- 在布局工业机器人仿真工作站和参数配置的过程中，培养规范严谨的工作态度。
- 通过实践操作检验对知识的理解和掌握情况，注重理论联系实际、知行合一。

2.3　项目分析

本项目先带领大家了解工业机器人工作站的基本组成，其次以图 2-1 所示的工业机器人仿真工作站的构建为例，通过在离线编程与仿真软件 RobotStudio 中创建工业机器人仿真工作站，系统介绍工业机器人仿真工作站的创建和布局的一般流程、机器人系统创建、手动操纵机器人、程序加载、离线示教编程、仿真录像的制作及常用的机器人运动编程指令等。通过本项目大家将学会创建和布局工业机器人仿真工作站，并能加载和运行机器人程序，录制仿真视频等。

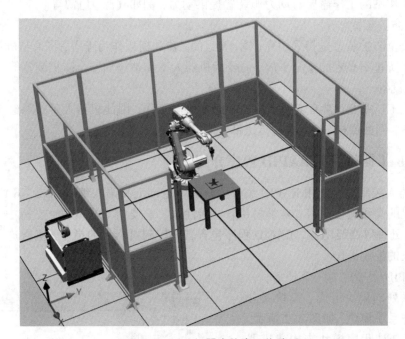

图 2-1　工业机器人仿真工作站

2.4　知识链接

2.4.1　机器人工作站的基本组成

机器人工作站是指使用一台或多台机器人，根据具体应用的需要，配以相应的周边设备，用于完成某一特定工序作业的相对独立的生产系统，也可称为机器人工作单元。机器人工作站主要由机器人、控制系统、辅助设备以及其他周边设备构成。机器人及其控制系统应尽量选用标准装置，对于特殊的场合需要设计专用机器人、末端执行器等辅助设备以及其他周边设备。通常工业机器人工作站由以下设备组成：

（1）机器人及其辅助安装设备

主要包括机器人本体、机器人控制器及其辅助安装设备，例如底座、导轨等。

（2）控制系统

机器人工作站的控制系统通常为 PLC，用于实现机器人与各设备之间的通信和控制。

（3）机器人末端执行器及其相关配套设备

根据具体应用的需要，在机器人的末端法兰盘上需要配备和安装不同的末端执行器，与相关配套设备一起实现具体应用。

（4）作业对象系统

机器人作业对象系统主要包括工作台、夹具、变位机、导轨、工作对象等。

（5）动力源装置

机器人工作站的工作需要有动力源装置提供动力，例如气源、电源等。

（6）安全防护装置

机器人安全防护装置是指采用壳、罩、屏、门、盖和栅栏作为障碍，将人与机器人隔离的装置。为了防止不必要的安全事故，需要为机器人工作站添加安全防护装置等。

（7）其他设备

在智能化工厂中，通常有多个工作站一起来协同工作，因此机器人工作站经常还包括一些储运设备，例如垛板、输送链、传送带、叉车等。

2.4.2 ABB 工业机器人 RAPID 程序介绍

ABB 机器人控制程序使用 RAPID 编程语言的特定词汇和语法编写而成。RAPID 是一种基于计算机的高级编程语言，易学易用，灵活性强。它支持二次开发，支持中断、错误处理、多任务处理等高级功能。RAPID 程序包含若干控制机器人的指令，执行这些指令来实现对机器人的控制操作。

一个 RAPID 程序称为一个任务，一个任务由一系列的模块组成。模块又分为程序模块与系统模块，如图 2-2 所示。一般，只通过新建程序模块来构建机器人的程序，而系统模块多用于系统方面的控制。

在编写机器人程序时，可根据不同的用途创建多个程序模块，例如专门用于主控制的程序模块，用于位置计算的程序模块，用于存放数据的程序模块，以便于归类管理不同用途的例行程序与数据。

每一个程序模块包含了程序数据、例行程序、中断程序和功能四种对象，但不一定在一个模块都有这四种对象，程序模块之间的数据、例行程序、中断

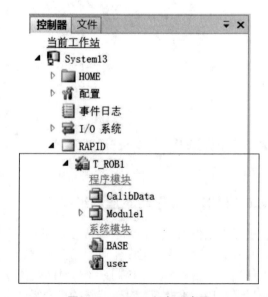

图 2-2 RAPID 任务示意图

程序和功能可以互相调用。例如：

```
MODULE Module1
    PROC main( )
    Path_10;
    ENDPROC

    PROC Path_10( )
    ⋮
    ENDPROC
ENDMODULE
```

在该 RAPID 程序中包含一个名称为 Module1 的程序模块，该程序模块下包含两个例行程序，分别为 PROC main( )和 PROC Path_10( )。在例行程序 PROC main( )中调用例行程序 PROC Path_10( )。

在 RAPID 程序中，有且只有一个主例行程序 main，并且可存在于任意一个程序模块中，作为整个 RAPID 程序执行的起点。综上所述，RAPID 程序的基本架构如表 2-1 所示。

表 2-1 RAPID 程序的基本架构

RAPID 程序(任务)			
程序模块 1	程序模块 2	…	系统模块
程序数据	程序数据	…	程序数据
主程序 main	例行程序	…	例行程序
例行程序	中断程序	…	中断程序
中断程序	功能	…	功能
功能			

2.4.3 常用程序数据——wobjdata

在编程之前，需要构建必要的编程环境。工具数据 tooldata、工件坐标 wobjdata、负荷数据 loaddata 这三个必要的关键程序数据，要在编程前进行定义。本节对工件坐标的概念、用途、创建方法进行介绍。

（1）工件坐标数据 wobjdata

工件坐标数据 wobjdata 是用来表示工件坐标系(工件)的位置、姿态、固定或移动等性质的程序数据。它包含两个重要的坐标系：用户框架和对象(工件)框架。其中，后者是前者的子框架。对机器人进行编程时，所有目标点都与工作对象的对象框架相关。如果未指定工作对象，目标点则与默认的 wobj0 关联，wobj0 始终与机器人的基坐标保持一致。

在图 2-3 中，坐标系①为大地坐标系，②为工件的用户框架，③为对象(工件)框架。这里的用户框架定位在工作台或固定装置上，对象(工件)框架定位在工件上。

工件坐标 wobjdata 定义格式为：

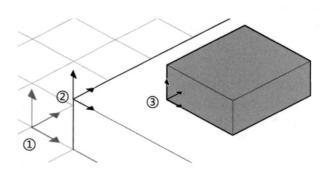

图 2-3　大地坐标、用户坐标及工件坐标示意图

PERS <数据类型 wobjdata> <名称>：=［robhold，ufprog，ufmec，uframe，oframe］；

各参数含义如下：

robhold，数据类型：bool。规定实际程序任务中的机械臂是否正夹持着工件。TRUE：机械臂正夹持着工件，即使用一个固定工具。FALSE：机械臂未夹持着工件，即机械臂正夹持着工具。

ufprog，数据类型：bool。规定是否使用固定的用户坐标系。TRUE：固定的用户坐标系。FALSE：可移动的用户坐标系，即采用外轴协调作业，同时以半协调或同步协调模式用于 MultiMove 系统。

ufmec，数据类型：string。用于协调机械臂移动的机械单元。仅在可移动的用户坐标系中进行规定（ufprog 为 FALSE）。规定系统参数中所定义的机械单元名称，例如，orbit_a。

uframe，数据类型：pose。用户坐标框架，即当前工作面或固定装置的位置：坐标系原点的位置（x，y，z），以 mm 计。坐标系的旋转，表示为一个四元数（q1、q2、q3 和 q4）。如果机械臂正夹持着工具，则在世界坐标系中定义用户坐标系（如果使用固定工具，则在腕坐标系中定义）。对于可移动的用户坐标系（ufprog 为 FALSE），由机器人系统对用户坐标系进行持续定义。

oframe，数据类型：pose。对象（工件）坐标框架，即当前工件的位置：坐标系原点的位置（x，y，z），以 mm 计。坐标系的旋转，表示为一个四元数（q1、q2、q3 和 q4）。在用户坐标系中定义对象（工件）坐标框架。

例如：

PERS wobjdata wobj2 ：=［ FALSE，TRUE，" "，［ ［300，600，200］，［1，0，0，0］］，［ ［0，200，30］，［1，0，0，0］］］；

该工件坐标数据的定义表示机械臂未夹持着工件，使用固定的用户坐标系。用户坐标系不旋转，且其在世界坐标系中的原点坐标为 x = 300 mm，y = 600 mm 和 z = 200 mm。对象（工件）坐标系不旋转，且其在用户坐标系中的原点坐标为 x = 0 mm，y = 200 mm 和 z = 30 mm。

（2）工件坐标的作用

工业机器人进行编程时是在工件坐标中创建目标和路径。工业机器人可以拥有若干工件坐标，或者表示不同工件，或者表示不同工件在不同位置的若干副本。

　　如果工件的位置发生更改，可利用工件坐标轻松地调整发生偏移的机器人程序。因此，工件坐标可用于校准离线程序。如果固定装置或工件的位置与实际工作站中的位置不完全匹配时，只需调整工件坐标的位置即可。重新定位工作站中的工件时，也只需要更改工件坐标的位置，所有路径将即刻随之更新。

　　例如，如果在工作台上有两个相同的工件需要相同轨迹，只需建立工件坐标 C，将工件坐标 B 中的程序复制一份，然后将工件坐标从 B 更新为 C，无须重复轨迹编程，如图 2-4 所示。

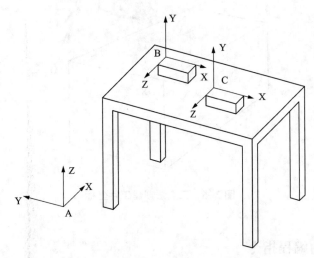

图 2-4　工件坐标的应用——移动变换

　　当然，工件坐标不一定要建在工件上。又例如，如图 2-5 所示，如果在工件坐标 B 中对 A 对象进行了轨迹编程，当工件坐标的位置变化成工件坐标 D 后，只需在机器人系统重新定义工件坐标 D，则工业机器人的轨迹将自动更新到 C，不需要再次轨迹编程。

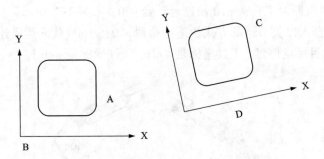

图 2-5　工件坐标的应用——角度变换

　　工件坐标还可用于调整动作。如果工件固定在某个机械单元上，同时系统使用了该机械单元调整动作，当该机械单元移动工件时，机器人将跟随机械单元的移动在工件上找到目标。

（3）创建工件坐标

那么如何创建工件坐标？下面介绍创建工件坐标的方法——三点法，即通过示教三个点确定工件坐标的位置和姿态，如图 2-6 所示。X1 点确定工件坐标的原点；X1、X2 点确定工件坐标 X 轴正方向，X1、Y1 点确定工件坐标 Y 轴正方向。按照右手法则，即可得到工件坐标的 Z 轴方向。

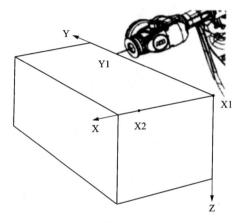

图 2-6　三点法创建工件坐标

2.4.4　常用运动编程指令

（1）关节运动指令 MoveJ

MoveJ 用于将机器人迅速地从一点移动至另一点。机械臂和外轴沿非线性路径运动至目的位置，所有轴均同时达到目的位置。

例如：

MoveJ p20，v1000，fine，tool1 \wobj：=wobj1

该条指令实现机器人工具从 p10 快速运动到 p20，如图 2-7 所示。具体参数的含义是 MoveJ p20 表示机器人以关节运动方式快速运动到 p20，v1000 代表运动速度为 1000 mm/s，fine 表示精准到达目标点位置，工具坐标是 tool1，工件坐标是 wobj1。

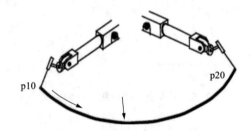

图 2-7　关节运动指令 MoveJ 的使用

（2）线性运动指令 MoveL

MoveL 用于将工具中心点（TCP）沿直线移动至给定目标点。

例如：

MoveL p20, v500, z50, tool1 \wobj：=wobj1

该条指令实现机器人工具从初始位置 p10 沿直线运动到 p20，如图 2-8 所示。具体参数的含义是 MoveL p20 表示机器人沿直线运动到 p20，v500 代表运动速度为 500 mm/s，z50 表示工具在距离目标点 50 mm 的位置开始走弧线，即转弯半径为 50 mm，工具坐标是 tool1，工件坐标是 wobj1。

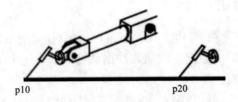

p10　　　　　　　　　　　p20

图 2-8　线性运动指令 MoveL 的使用

（3）圆弧运动指令 MoveC

MoveC 用于将工具中心点（TCP）沿圆弧移动至给定目标点。移动期间，该周期的方位通常相对保持不变。

例如：

MoveL p10, v500, fine, tool1 \wobj：=wobj1

MoveC p30, p40, v500, z50, tool1 \wobj：=wobj1

机器人从 p10 点开始，沿着 p30，终点是 p40 走一段圆弧，如图 2-9 所示。具体参数的含义是 MoveC p30，p40 表示机器人沿圆弧运动到 p40，途径 p30。v500 代表运动速度为 500 mm/s，z50 表示转弯半径为 50 mm，工具坐标是 tool1，工件坐标是 wobj1。

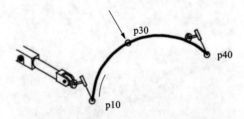

p30

p40

p10

图 2-9　圆弧运动指令 MoveC 的使用

（4）轴绝对位置运动指令 MoveAbsJ

MoveAbsJ 用于将机械臂和外轴移动至轴位置中指定的绝对位置，通常用于实现 ABB 机器人回到机械原点。机械臂和外轴沿非线性路径运动至目标位置，且所有轴均同时到达目标位置。注意：轴绝对位置运动指令 MoveAbsJ 不存在死点，运动状态完全不可控，避免在正常生产中使用此指令，常用于检查机器人零点位置。

例如：

PERS jointtarget jpos10：=[[0, 0, 0, 0, 30, 0]，[9E+09, 9E+09, 9E+09, 9E+09, 9E+09, 9E+09]]；

MoveAbsJ jpos10\NoEOffs, v1000, fine, tool1\wobj：=wobj1；

数据类型：jointtarget

jointtarget 用于通过指令 MoveAbsJ 将机器人各关节轴和外轴移动到相应位置。机器人各轴的角度单位为度(°)。有关外轴的值，线性轴以 mm 计，旋转轴以度(°)计。

该条指令实现机器人从当前位置运动至 jpos10 所指定的位置，轴 1~轴 4 以及轴 6 角度为 0°，轴 5 角度为 30°，未定义外轴。

2.4.5 常用功能——Offs

ABB 机器人 RAPID 编程中的功能(Function)可以看作是有返回值的例行程序，并且已经封装好，只需要按照指定的数据类型输入数据就可以返回一个值。下面介绍一个常用的功能——Offs 偏移功能。

Offs 偏移功能是指以选定的目标点为基准，沿着选定的工件坐标系的 x，y，z 轴方向偏移一定的距离，格式如下：

Offs(Point, Dx, Dy, Dz)

其中 Ponit 是 robtarget 类型，为偏移的基准。Dx、Dy 和 Dz 分别是在工件坐标系下相对于 x、y 和 z 轴的偏移。

例如：

MoveL Offs(p10, 0, 0, 10), v1000, z50, tool0\wobj：=wobj1；

将机器人的 TCP 移动至以 p10 为基准点，沿着工件坐标系 wobj1 的 z 轴正方向偏移 10 mm 的位置。

下面再举一个例子。如图 2-10 所示，示教 1 个点 p10，编写机器人以 p10 点为起点，逆时针沿着半径为 100 mm 的圆周运动的控制程序。

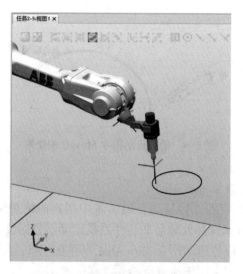

图 2-10 Offs 偏移功能使用举例

具体程序如下：

```
PROC main( )
    MoveJ Offs(p10, 0, 0, 50), v1000, fine, MyTool;
    MoveJ p10, v1000, fine, MyTool;
    MoveC Offs(p10, 100, -100, 0), Offs(p10, 200, 0, 0), v1000, fine, MyTool;
    MoveC Offs(p10, 100, 100, 0), p10, v1000, fine, MyTool;
    MoveJ Offs(p10, 0, 0, 50), v1000, fine, MyTool;
ENDPROC
```

程序中的 Offs 以 p10 点为基准点,沿着默认的工件坐标 wobj0 的 x、y、z 轴偏移一定的距离。借助于 Offs 功能,只需要示教 p10 这个点就实现了圆周运动。

2.5 项目实施

本项目以一个机器人模拟加工五角星形状零件的工作站来给大家展示,在 RobotStudio 中新建工作站,布局工作站,创建机器人系统,加载和创建机器人运动程序,仿真运行机器人和录制仿真视频的过程。

要进行工业机器人离线编程与仿真,首先要新建工作站,并进行工作站的布局。新建工作站有三种方法:空工作站、空工作站解决方案、工作站和机器人控制器解决方案。

(1)空工作站:创建空工作站。一般在创建一个新工作站时需要采用此方法。

(2)空工作站解决方案:创建一个包含空工作站的解决方案文件结构,需要设定工作站的名称。

(3)工作站和机器人控制器解决方案:创建一个包含工作站和机器人控制器的解决方案,在需要机器人和机器人控制器同时创建时使用此方法。

为了避免在布局工作站的过程中遗漏设备,通常需要依据一定的布局流程,如图 2-11 所示。

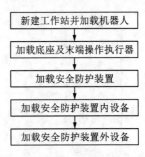

图 2-11 布局工作站的基本流程

2.5.1 任务1 创建和布局工业机器人仿真工作站

(1)新建工作站并加载机器人

本任务通过创建空工作站的方法来新建一个工作站,选用的机器人为 ABB IRB2600。操作步骤如下:

选择"文件">"新建">"空工作站",单击"创建"按钮,创建一个新的工作站,如图 2-12 所示。

单击"文件">"保存工作站为",弹出"另存为"对话框,在"文件名"文本框中输入"2-1",单击"保存"按钮,如图 2-13 所示。

选择"基本">"ABB 模型库",单击机器人 IRB2600 图标,如图 2-14 所示。

然后,选择容量为 12 kg,到达为 1.65 m,单击"确定"按钮,如图 2-15 所示。

新建工作站并加载工业机器人后,如图 2-16 所示。

图 2-12　新建工作站

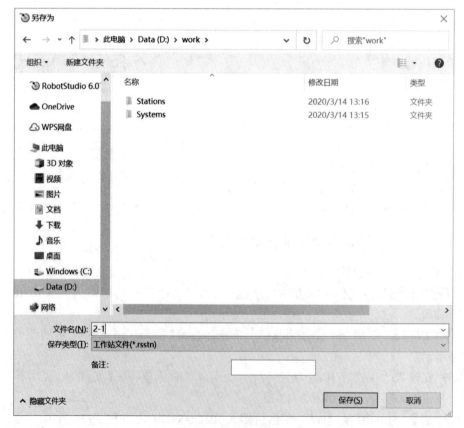

图 2-13　保存工作站

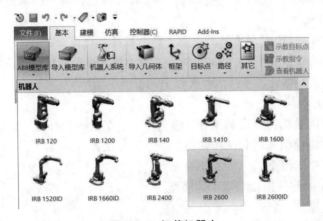

图 2-14　加载机器人

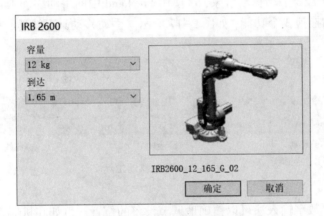

图 2-15　设置机器人参数

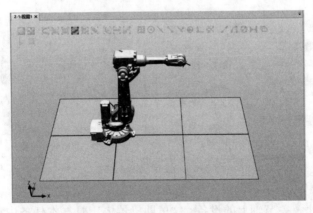

图 2-16　加载完成的工业机器人

【提示】工业机器人加载到工作站之后，可通过使用鼠标与按键组合的方式来平移、旋转和缩放工作站视图。

- 平移：同时按住【Ctrl】键和鼠标左键，移动鼠标时视图会平移。
- 旋转：同时按住【Ctrl】键、【Shift】键和鼠标左键，移动鼠标时视角就会旋转。
- 缩放：滚动鼠标滚轮，可以放大或缩小视图。

（2）导入设备并布局

外围设备用来配合机器人完成工作，包括工具、安全防护装置、防护装置内设备、防护装置外设备等。将模型加载到工作站有以下三种方法：

①加载模型库中的模型。

②用 RobotStudio 软件建模功能创建模型。

③加载外部模型。

加载设备模型后，通常需要对设备的位置进行调节，以完成设备的布局。调整模型位置的方法有手动移动和数字输入两种方法。

①手动移动。若要手动移动对象，可使用 Freehand 中的手动移动工具。手动移动工具包含移动、旋转和拖拽 3 个功能，如图 2-17 所示。手动移动具有快速、直观的特点。

(a) 移动　　　　　　　(b) 旋转　　　　　　　(c) 拖拽

图 2-17　手动移动工具

②数字输入。数字输入法可以精确地调节设备的位置。例如在机器人 IRB2600 上点击鼠标右键，选择"位置">"设定位置"即可对机器人的位置进行精确设定，如图 2-18 所示。同样可对其他设备做类似操作。

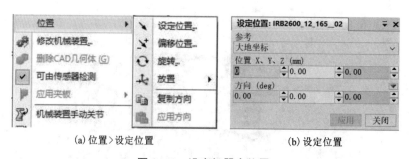

(a) 位置>设定位置　　　　　　　　　(b) 设定位置

图 2-18　设定机器人位置

首先，加载底座及关节轴上的设备，这里即机器人工具。本任务中机器人的运动范围满足应用的需要，因此无须加载机器人辅助安装设备，如底座、导轨等。

本任务中采用 RobotStudio 软件设备模型库中的工具。选择"基本"选项卡，单击"导入模型库"下拉按钮,在弹出的菜单中选择"设备",如图 2-19(a) 所示,然后选择工具 myTool,如图 2-19(b)所示。

(a) 导入模型库　　　　(b) 选择工具myTool

图 2-19　导入机器人工具

导入机器人工具以后,还需要将工具安装到机器人第 6 轴末端的法兰盘。安装方法是在工具 myTool 上按住鼠标左键,将其拖动到机器人 IRB2600 后释放鼠标左键,在弹出的对话框中单击"是",如图 2-20 所示。此时,工具将会被安装到机器人第 6 轴末端的法兰盘上,如图 2-21 所示。

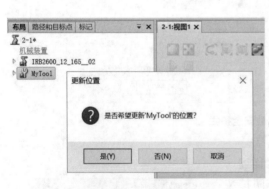

图 2-20　安装工具

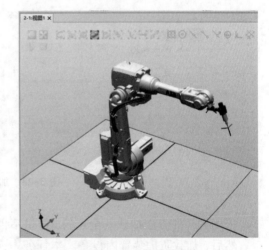

图 2-21　工具安装完毕

还可以使用另外一种方法来安装机器人工具。在工具 myTool 上单击鼠标右键,选择"安装到 IRB2600",同样能够把工具安装到机器人法兰盘上。

其次,加载安全防护装置。选择"基本">"导入几何体",如图 2-22 所示。在弹出的"浏览几何体"对话框中选择安全护栏模型文件,如图 2-23 所示,单击"打开"按钮。

加载安全护栏后,调节其位置,使用手动移动把安全护栏拖动到合适的位置,也可以采用直接数字输入方法,位置数据参考图 2-24,完成以后单击"应用"按钮,然后单击"关闭"按钮。

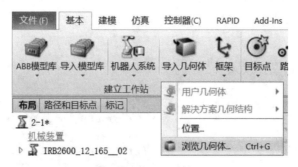

图 2-22 导入几何体

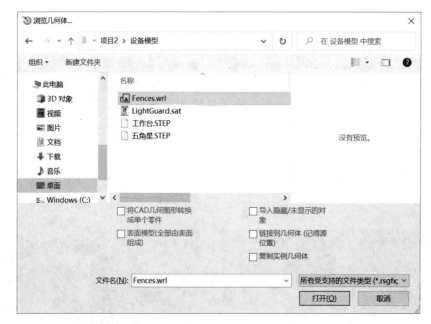

图 2-23 加载安全护栏

采用同样的方法加载安全光栅，这里不再详述。

然后，加载防护装置内设备。本任务中，防护装置内设备包括工作台和工件。工作台是机器人对工件进行加工作业的平台。工件是机器人要编程加工的对象，需要把工件放置在工作台上。

本任务中采用的工作台和工件均为使用外部软件创建的模型，因此，同样选择"基本">"导入几何体"来将工作台和工件导入。在弹出的"浏览几何体"

图 2-24 安全护栏位置数据

对话框中选择工作台模型文件，实现工作台的导入，如图 2-25 所示。

加载工作台后，需调节工作台姿态。首先，在工作台模型上点击鼠标右键，然后依次

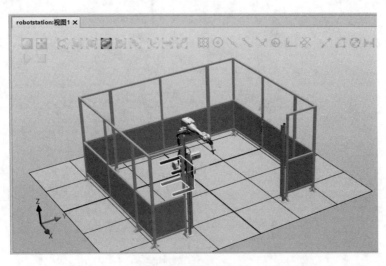

图 2-25　导入工作台

选择"位置">"旋转"，设置绕大地坐标 x 轴旋转 90°，如图 2-26 所示。

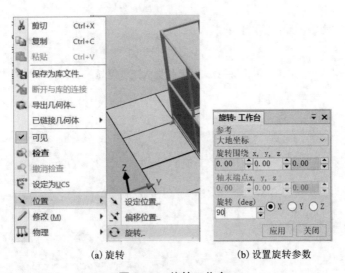

(a) 旋转　　　　　　　　(b) 设置旋转参数

图 2-26　旋转工作台

　　接下来，调节工作台位置。在 IRB2600 机器人上点击右键，单击"显示机器人工作区域"，如图 2-27 所示。可选择"2D 轮廓"和"3D 体积"两种方式，来查看机器人的工作范围，如图 2-28、图 2-29 所示。然后根据机器人的工作范围来调整工作台的位置。

　　这里采用直接数字输入方法调节工作台位置。先将工作台的本地原点位置修改至桌脚底面处，在工作台模型上点击鼠标右键，然后依次选择"修改">"设定本地原点"，如图 2-30(a)所示。选中图形窗口区的"选择部件"和"捕捉中心"按钮，然后点击"位置"选择框，并用鼠标左键选择桌脚底面中心点，点击"应用"按钮，如图 2-30(b)所示。

图 2-27　显示机器人工作区域

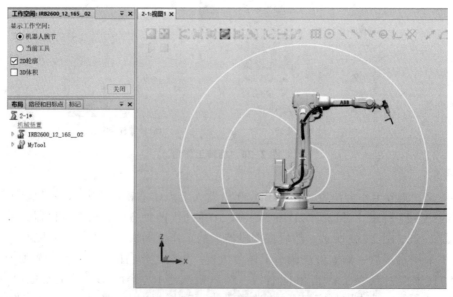

图 2-28　"2D 轮廓"方式显示机器人工作区域

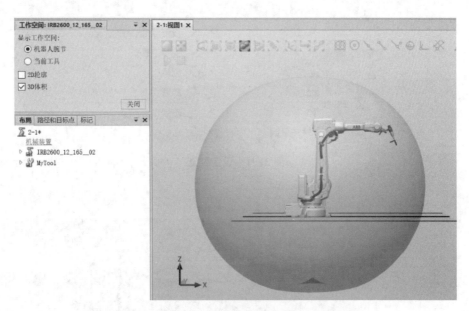

图 2-29 "3D 体积"方式显示机器人工作区域

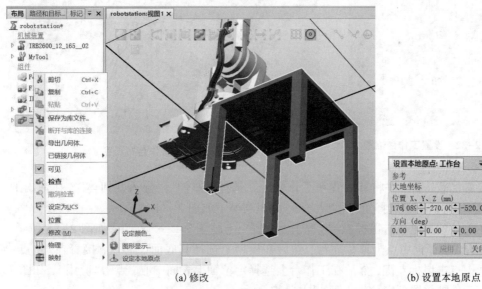

(a) 修改

(b) 设置本地原点

图 2-30 设定本地原点

接下来，在工作台模型上点击鼠标右键，然后依次选择"位置">"设定位置"，如图 2-31 所示。

工作台位置数据参考图 2-32，完成以后单击"应用"按钮，然后单击"关闭"按钮。工作台布局完成后，如图 2-33 所示。

图 2-31　设定位置

图 2-32　设置工作台位置

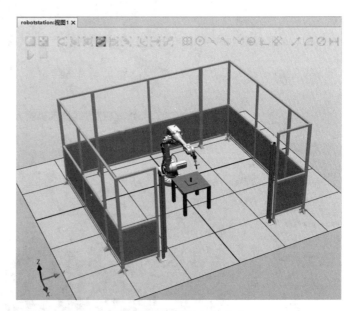

图 2-33　工作台布局完成

接着加载工件，并将其放置在工作台上。选择"基本">"导入几何体"，在弹出的"浏览几何体"对话框中选择工件模型文件，将其导入，如图 2-34 所示。

在工件模型上点击鼠标右键，选择"位置">"放置">"一个点"，如图 2-35 所示。在"主点-从"选择框中点击鼠标左键，然后在模型上选择其底面中心点，接着在"主点-到"选择框中点击鼠标左键，然后在工作台上选择定位轴上表面中心，点击"应用"，如图 2-36 所示。工件被放置到定位轴上，如图 2-37 所示。

接下来，继续将工件放置到工作台的台面上。在工件模型上点击鼠标右键，选择"位置">"放置">"一个点"。在"主点-从"选择框中点击鼠标左键，然后在模型底面上选择一个顶点，接着在"主点-到"选择框中点击鼠标左键，然后在工作台上选择定位板上表面一个点，在"沿着这些轴转换"中只勾选"Z"，点击"应用"，如图 2-38 所示。然后，在工件模型上点击鼠标右键，依次选择"修改">"设定颜色"，将其颜色修改设置为"红色"，工件被套入定位轴如图 2-39 所示。

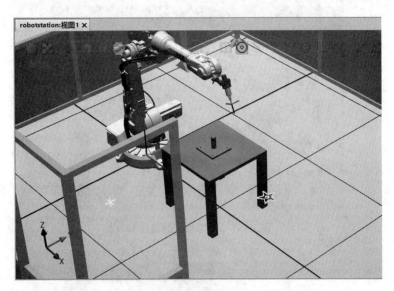

图 2-34　导入工件

图 2-35　选择"一点法"

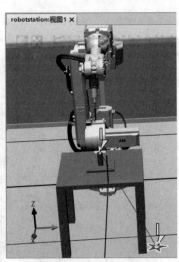

（a）放置对象　　　　　　（b）选择放置点

图 2-36　"一点法"设置

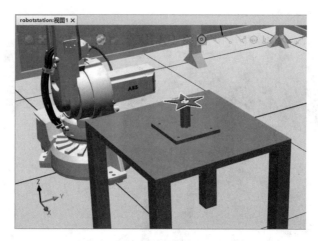

图 2-37 工件放置到定位轴

放置对象: 五角星

参考
大地坐标
主点 - 从 (mm)
1010.00 -68.82 665.00
主点 - 到 (mm)
1060.00 -100.00 565.00
沿着这些轴转换:
☐ X ☐ Y ☑ Z
应用 关闭

(a) 放置对象 　　　　　　(b) 选择放置点

图 2-38 "一点法"设置

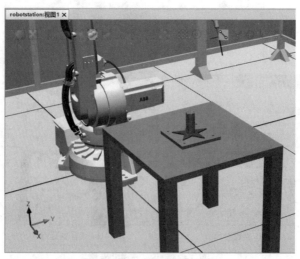

图 2-39 工件套入定位轴

最后，加载防护装置外设备。本任务中，防护装置外设备包括机器人控制器和手持示教器。采用直接数字输入方法来设定位置，机器人控制器和手持示教器的位置数据参考图 2-40 和图 2-41，完成以后单击"应用"按钮，然后单击"关闭"按钮。至此，该工业机器人仿真工作站布局完成，如图 2-42 所示。

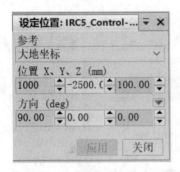

图 2-40　设置机器人控制器位置　　　　图 2-41　设置手持示教器位置

【练一练】如图 2-42 所示，完成该工业机器人仿真工作站的创建和布局。

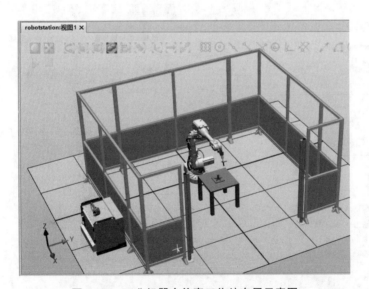

图 2-42　工业机器人仿真工作站布局示意图

要求按照流程创建和布局工作站，综合采用手动移动法和数字输入法调节模型位置，保证工作台和工件处于机器人工作范围以内。

2.5.2　任务 2　创建系统与手动操纵机器人

工业机器人系统是机器人编程和运动的基础。在完成工业机器人仿真工作站布局以后，要为机器人创建系统，建立虚拟的控制器，使机器人具有电气的特性来完成相关的编程和仿真工作。机器人系统的创建方式有三种：

- "从布局"：根据布局创建系统，布局完工作站后进行系统创建时使用。
- "新建系统"：创建新系统并添加到工作站。
- "已有系统"：添加现有的系统到工作站，已经备份的系统。

下面对创建机器人系统的步骤进行详细说明。

①在"基本"选项卡下，点击"机器人系统"下方的黑色箭头，选择"从布局"的方式来创建机器人系统，如图2-43所示。

②弹出"从布局创建系统"对话框，修改系统名称，并选择系统存放的位置。选择控制器RobotWare6.08，然后单击"下一个"按钮，如图2-44所示。进入"选择系统的机械装置"界面，选中IRB2600，然后单击"下一个"按钮，如图2-45所示。

图2-43　从布局创建机器人系统

图2-44　系统命名和位置设置

图2-45　选择系统的机械装置

③进入"系统选项"界面，单击"选项"按钮，进行语言和通信设置。在"更改选项"窗口中，单击"类别"中的Default Language，选中"选项"中的Chinese，如图2-46所示。

④为了实现机器人与外围设备之间的通信，需要添加相应的通信设备以及设置通信方式，本项目采用Industrial Networks通信方式。在"更改选项"窗口中，单击"类别"中的Industrial Networks，选中"选项"中的709-1 DeviceNet Master/Slave，相关选项在"概况"中

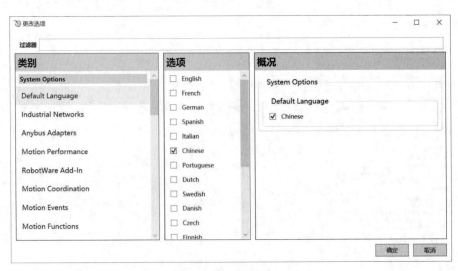

图 2-46　设置语言

显示，如图 2-47 所示，设置完成以后，单击"确定"按钮。

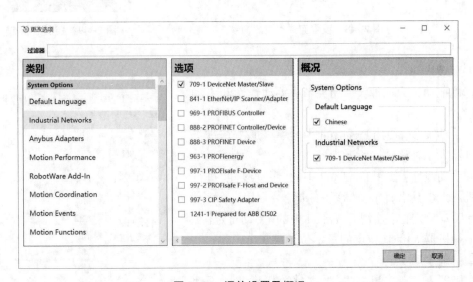

图 2-47　通信设置及概况

⑤返回"从布局创建系统"对话框，单击"完成"按钮，如图 2-48 所示。

⑥系统创建完成以后，窗口右下角的"控制器"状态为绿色，就说明机器人系统创建成功，如图 2-49 所示。

在 RobotStudio 中对机器人进行示教编程，需要手动操纵机器人到达合适的位置，然后进行编程和相关的设置，因此，需要掌握机器人手动操纵的方法。机器人手动操纵分为直接拖动和精确手动两种方式。

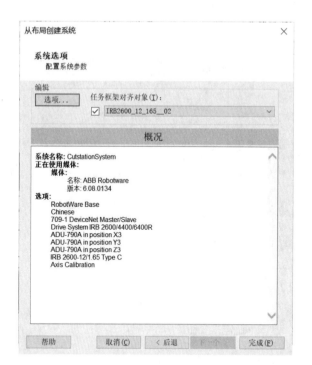

图 2-48　设置完成

图 2-49　控制器状态

①直接拖动

直接拖动分为三种：手动关节、手动线性和手动重定位。

- 手动关节：使用 Freehand 中的"手动关节"进行工业机器人单轴移动。
- 手动线性：使用 Freehand 中的"手动线性"进行工业机器人工具沿直角坐标系的移动。
- 手动重定位：使用 Freehand 中的"手动重定位"进行工业机器人沿 TCP 点的重定位调整。

②精确手动

在机器人上点击鼠标右键，选择"机械装置手动关节"和"机械装置手动线性"进行精确手动调节。

- 手动关节：进行关节精确手动操纵。
- 手动线性：进行工业机器人沿直角坐标系的精确移动。

在调节机器人角度的过程中，可能需要使机器人回到初始位置，这时要用到"回到机械原点"功能。在机器人上单击鼠标右键，选择"回到机械原点"，如图 2-50 所示。ABB 机器人在机械原点时，各轴的角

图 2-50　回到机械原点

度为：第五轴是 30 度，其余轴为 0 度。

【练一练】为任务 1 中布局好的仿真工作站创建机器人系统。系统创建完成后手动关节移动机器人到达轨迹的起始点，在起始点位置进行手动重定位操作，然后采用手动线性的方式移动机器人沿着工件边缘运行一遍。请选择不同的机器人移动方式，体会各种移动方式的作用和特点。

2.5.3 任务 3 创建工件坐标与程序加载

（1）创建工件坐标

如前所述，在正式编程之前，需要构建必要的编程环境。有三个必要的关键程序数据（工具数据 tooldata、工件坐标 wobjdata、负荷数据 loaddata）要在编程前进行定义。由于本项目不是搬运类的机器人应用，因此无须设置负荷数据 loaddata。并且，项目中选择的是 RobotStudio 软件库中自带的工具，其工具数据 tooldata 已经设置好。因此，下面详细说明如何来创建工件坐标和加载程序。

一般定位装置上面设有定位销，用于保证加工工件与定位装置之间的相对精度。所以在实际应用中，建议以定位销或销孔作为基准来创建工件坐标，这样更容易保证定位精度。本任务中创建工件坐标的操作步骤如下：

①选择"基本">"其它">"创建工件坐标"，如图 2-51 所示。

②选择捕捉方式为"选择表面"和"捕捉末端"，在"创建工件坐标"窗口中，设置工件坐标的名称，然后单击"用户坐标框架"下的"取点创建框架"，此时会出现下拉按钮，如图 2-52 所示。

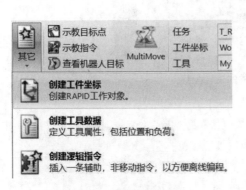

图 2-51 创建工件坐标

图 2-52 取点创建框架

③单击下拉按钮，选择"三点法"创建工件坐标，单击"X 轴上的第一个点"下的输入框，在图形显示窗口区选择点 X1，按照同样的方法，设置 X 轴上的第二个点 X2 和 Y 轴上的点 Y1。确认三个点的数据均已经创建之后，单击"Accept"按钮，如图 2-53 所示。

④单击"Accept"按钮后，返回图 2-52 所示界面，单击"创建"按钮，即可完成工件坐标的创建。创建完成的工件坐标如图 2-54 所示。

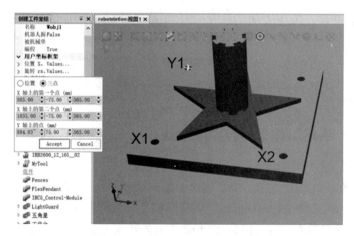

图 2-53　三点法创建工件坐标

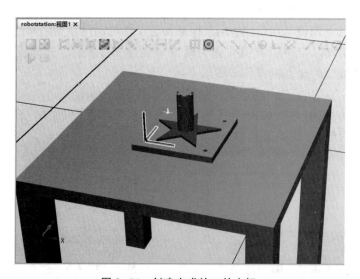

图 2-54　创建完成的工件坐标

（2）程序加载

接下来，通过加载程序的方式，把编写好的程序加载到工作站，具体操作步骤如下：

①选择"RAPID"选项卡，单击"程序">"加载程序"，如图 2-55 所示。

②在计算机中找到存放的程序文件"cutting.pgf"，然后单击"打开"按钮，如图 2-56 所示。

③在弹出的对话框中勾选所有参数，然后单击"确定"，如图 2-57 所示。

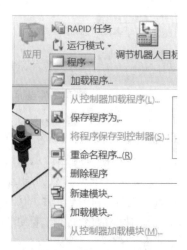

图 2-55　加载程序

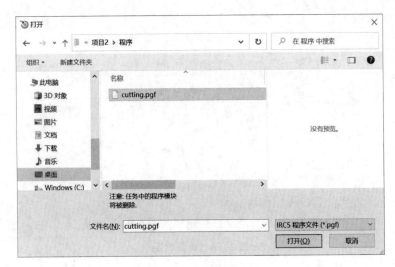

图 2-56　选择程序文件

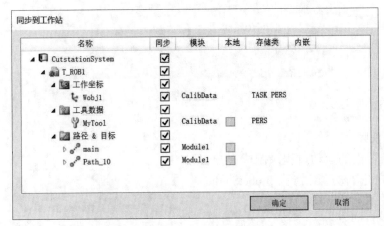

图 2-57　设置同步选项

【练一练】请在任务 2 的基础上,为该机器人工作站创建工件坐标,并加载程序。

2.5.4　任务 4　仿真运行及录制视频

(1)仿真运行

仿真运行是按照已经设定好的程序运行工业机器人,用于观察机器人是否按照程序设定的轨迹及动作来运行,当运动轨迹与预想的有偏差时,要对轨迹程序进行修改。仿真运行的操作步骤如下:

①选择"仿真">"仿真设定"。

②选择任务 T_ROB1,并设置仿真时程序的进入点 Path_10,如图 2-58 所示。

③仿真运行程序,点击仿真选项卡下面的"仿真">"播放",机器人则会按照所设定的运动轨迹程序运行,如图 2-59 所示。

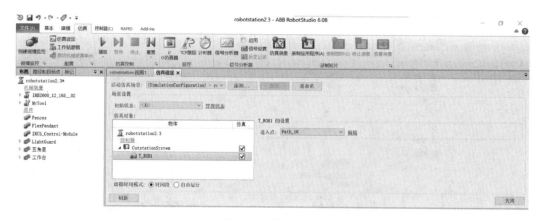

图 2-58 仿真设定

图 2-59 播 放

（2）录制视频

可以把机器人的运动过程录制成视频，以方便与客户进行方案讨论。RobotStudio中具有两种视频录制形式：

① 选择"仿真" > "仿真录像"，然后点击"播放"，如图 2-60 所示。

② 选择"仿真"选项卡，单击"播放"下拉按钮，选择"录制视图"，如图 2-61 所示。

图 2-60 仿真录像

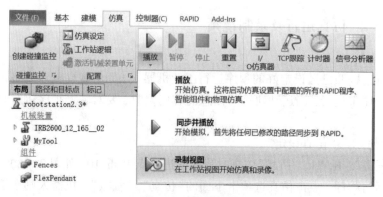

图 2-61 录制视图

【练一练】将任务 3 完成的工作站文件打开，尝试用两种方法完成仿真视频的录制。

2.5.5　任务 5　离线环境下的示教编程

通过 2.4.3 节的描述，大家已经了解将已经编写好的程序加载到工作站的方法。那么如何对机器人进行离线编程呢？本节将介绍在离线环境下使用示教的方法来创建机器人的运动程序。具体操作步骤如下：

①创建工件坐标。2.5.3 节任务 3 中已经创建了工件坐标 Wobj1，这里不再重复。

②在"基本"选项卡下，设置当前的编程任务、工件坐标、工具等，如图 2-62 所示，并在右下角指令区设置好机器人的运动指令，如图 2-63 所示。一般情况下，在默认的工件坐标 wobj0 中创建安全点，因此首先将工件坐标设置为 wobj0。

图 2-62　任务、工件坐标、工具的设置

图 2-63　设置机器人运动指令

③接下来开始在离线编程与仿真环境中进行机器人示教编程。单击"路径">"空路径"，创建一条空路径，如图 2-64 所示。

手动操纵机器人的工具，如图 2-65 所示，调整机器人的初始位置，并单击"示教指令"，如图 2-66 所示，为机器人创建一条运动至安全点位置的运动指令，如图 2-67 所示。在工件坐标 wobj0 下将该目标点的名称修改为"PHome"。

图 2-64　创建空路径

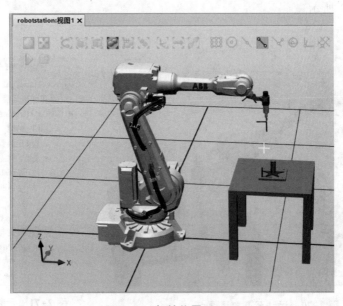

图 2-65　初始位置 PHome

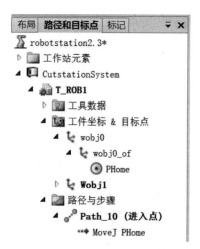

图 2-67　运动至安全点

图 2-66　示教指令

④接下来，在"基本"选项卡下，修改当前的工件坐标为 Wobj1，如图 2-68 所示，并设置运动指令，如图 2-69 所示。

图 2-68　工件坐标的设置　　　　图 2-69　设置机器人运动指令

⑤接着手动操纵机器人，并辅助使用"捕捉末端"工具，调整机器人工具的位置至五角星的顶点，如图 2-70 所示。单击"示教指令"为机器人创建一条运动至五角星顶点的运动指令，如图 2-71 所示。

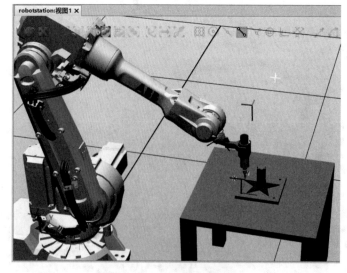

图 2-70　运动至五角星顶点

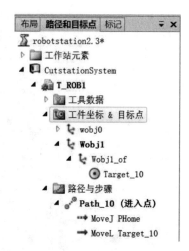

图 2-71　示教得到运动指令

接下来按照同样的方法，手动操纵机器人，辅助使用"捕捉末端""手动线性"和"手动重定位"工具，调整机器人工具的位置和姿态，使工具 TCP 沿着五角星的边缘移动，并防止机器人工具在运动过程中与定位轴发生干涉，如图 2-72 所示。依次单击"示教指令"为机器人创建运动指令，示教得到 10 条运动指令，如图 2-73 所示。

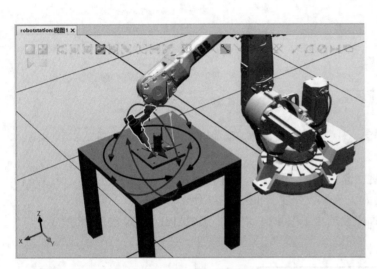

图 2-72　沿着五角星轮廓移动

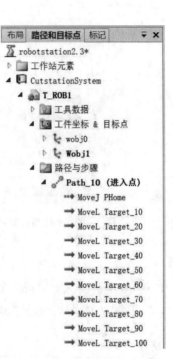

图 2-73　示教得到新的运动指令

⑥接下来，在工件坐标 Wobj1 下找到第一个目标点 p10，在其上点击鼠标右键，选择"添加到路径>Path_10>最后"，如图 2-74 所示。这样机器人将沿工件外边缘运动并回到初始点。使用同样的方法将安全点 PHome 也添加到路径的最后，机器人最后将回到安全点。

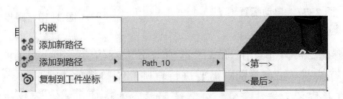

图 2-74　将 p10 点添加到路径最后

⑦在第 2 条运动指令上单击鼠标右键，选择"跳转到移动指令"，如图 2-75 所示。然后，使用手动操纵机器人，将机器人移动至该目标点上方之后，重新示教一条运动指令，并将得到的目标点名称修改为 p1。将其作为轨迹起始接近点，并调整该指令的位置至 Path_10 第 2 行。接着复制该条指令，同时将 p1 作为轨迹结束离开点，并调整指令的位置至 Path_10 倒数第 2 行，如图 2-76 所示。

图 2-75　跳转到移动指令

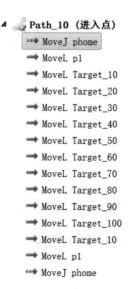

图 2-76　添加和调整轨迹接近点、离去点运动指令

⑧在 Path_10 上单击右键，选择"自动配置">"所有移动指令"，为机器人到达路径 Path_10 中的目标点进行机器人关节参数配置，如图 2-77 所示。

⑨配置完成后，选择"基本"选项卡下"同步">"同步到 RAPID"，如图 2-78 所示。

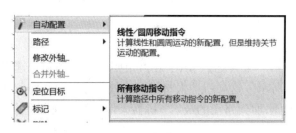

图 2-77　自动配置

图 2-78　同步到 RAPID

接下来，可参考 2.4.4 节，在"仿真"选项卡下进行仿真运行，查看机器人运行效果，观察是否与预期有差别，如有差别则需要进行轨迹的调整优化。

【练一练】打开仿真工作站文件，在离线环境下尝试使用离线示教的方法，进行机器人运动轨迹的规划和编程。

2.6　项目考评

表2-2　项目考评表

项目名称		创建工业机器人仿真工作站		
姓名			日期	
项目 要求		了解工业机器人工作站的基本组成，学会创建和布局如下图所示的工业机器人仿真工作站，掌握工业机器人仿真工作站创建和布局流程、系统创建、手动操纵机器人、程序加载、仿真录像制作以及示教编程等 		
序号	考查项目	考查要点	评价结果	
1	知识	1. 工业机器人工作站的基本组成	□掌握　　□初步掌握　　□未掌握	
		2. 工业机器人仿真工作站创建和布局的流程	□掌握　　□初步掌握　　□未掌握	
		3. 任务、程序模块和例行程序	□掌握　　□初步掌握　　□未掌握	
		4. 常用程序数据工件坐标	□掌握　　□初步掌握　　□未掌握	
		5. 常用机器人运动编程指令及常用功能	□掌握　　□初步掌握　　□未掌握	
2	技能	1. 创建和布局工业机器人仿真工作站	□优秀　　□良好　　□一般　　□继续努力	
		2. 添加机器人系统，并手动操纵机器人	□优秀　　□良好　　□一般　　□继续努力	
		3. 创建工件坐标，并加载机器人程序	□优秀　　□良好　　□一般　　□继续努力	
		4. 仿真运行并录制视频	□优秀　　□良好　　□一般　　□继续努力	
		5. 创建机器人程序	□优秀　　□良好　　□一般　　□继续努力	
3	素养	1. 规范严谨	□优秀　　□良好　　□一般　　□继续努力	
		2. 知行合一	□优秀　　□良好　　□一般　　□继续努力	
学习体会				

2.7 项目拓展

　　如图 2-79 所示，请扫描二维码下载工作台模型，选用合适的工业机器人，创建和布局工业机器人仿真工作站，添加机器人系统，创建工件坐标。然后使机器人沿着五角星、三角形及圆形几何边缘运动。最后，完成仿真视频的录制。要求不重新示教，将水平台面的机器人程序应用于倾斜台面，体会工件坐标的作用。

(a) 水平台面

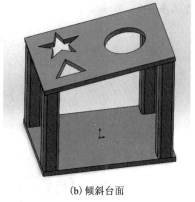
(b) 倾斜台面

二维码

图 2-79　拓展任务

项目 3
工业机器人搬运离线编程与仿真

3.1 项目背景

最近小科迷上了围棋，大智老师问："你知道机器人也能下围棋吗？"2016 年 3 月，阿尔法围棋与围棋世界冠军、职业九段棋手李世石进行围棋人机大战，以 4 比 1 的总比分获胜。2017 年 5 月，在中国乌镇围棋峰会上，阿尔法围棋与排名世界第一的世界围棋冠军柯洁对战，以 3 比 0 的总比分获胜。小科问大智老师："那机器人是不是有一天将会战胜人类呢？"大智老师说："让我们先来了解阿西莫夫机器人三大法则。"

第一，机器人不得伤害人类个体，或者目睹人类个体将遭受危险而袖手不管；

第二，机器人必须服从人给予它的命令，当该命令与第一法则冲突时例外；

第三，机器人在不违反第一、第二法则的情况下要尽可能保护自己的生存。

"老师，我明白了！"小科点了点头。大智老师说："那我们来学习如何创建一个机器人搬运仿真工作站，让机器人搬动棋子。"

3.2 学习目标

知识目标：
- 了解工业机器人搬运工作站的基本组成。
- 掌握 RobotStudio 软件的建模功能。
- 掌握常用的程序数据 loaddata 和 tooldata。
- 了解事件管理器的功能。
- 掌握常用 I/O 控制指令、等待指令。
- 掌握常用条件逻辑判断指令。
- 掌握数组的定义及引用。

能力目标：
- 能用 RobotStudio 软件建模功能创建组合体。
- 能使用事件管理器创建动态夹具。

- 能正确使用 RAPID 的常用 I/O 控制指令、等待指令。
- 能完成机器人搬运、分拣程序创建、调试并仿真运行工作站。

素养目标:

- 通过了解机器人设计三大法则,树立安全、可控、服务意识。
- 通过编写多种机器人搬运程序,培养多角度分析问题、解决问题的能力。
- 融入绿色环保话题,引导学生积极思考新时代青年的责任担当。

3.3 项目分析

搬运作业是工业机器人最常见的应用之一。本项目围绕机器人搬运应用展开,大家将学习 RobotStudio 的建模和测量功能,使用事件管理器创建动态夹具,以及常用 I/O 控制指令、等待指令和条件逻辑判断指令。项目采用串联型四轴机器人实现物料从供料区到装配区的搬运,如图 3-1 所示。要求工业机器人在自动运行的模式下,能连续将图 3-2(a)所示左侧供料区的 4 个物料搬运至右侧装配区中的对应的十字位置,如图 3-2(b)所示。搬运对象采用圆柱形的物料代替,工具使用吸盘代替。请分析机器人的运行轨迹和搬运操作流程,并进行轨迹编辑与调试,通过离线编程完成机器人搬运物料程序的创建、调试与仿真。

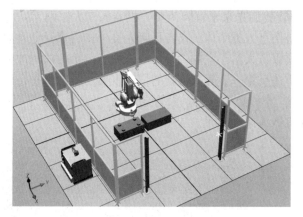

图 3-1 机器人搬运仿真工作站

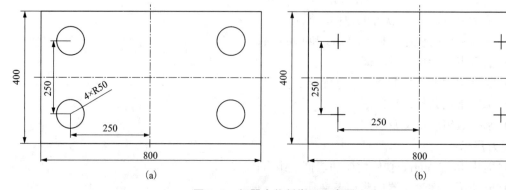

图 3-2 机器人物料搬运示意图

3.4　知识链接

3.4.1　工业机器人搬运工作站的基本组成

搬运是指用一种设备握持物体，将物体从一个位置移动至另一个位置的过程。为了实现自动化搬运作业，经常采用工业机器人来完成搬运作业任务，那么整个搬运系统就构成了工业机器人搬运工作站。机器人搬运工作站一般由以下设备组成：

(1)搬运机器人，包括工业机器人本体和机器人控制系统。

(2)搬运工作站控制系统，用于周边设备及机器人的控制，如 PLC 控制系统。

(3)搬运系统，一般由机器人末端执行器(手爪)、气体发生装置、液压发生装置等组成。

(4)工作站周边设备，包括工作台、输送装置、料仓等。

(5)安全防护装置，用于将人与机器人安全隔离的装置。

下面介绍搬运机器人末端执行器的种类。搬运机器人末端执行器主要有吸附式、夹板式、抓取式、组合式等类型。

(1)吸附式

吸附式手爪适用于可吸取的搬运物，如覆膜包装盒、塑料箱、纸箱等，广泛应用于医药、食品、烟酒等行业。图 3-3 所示为常见的吸附式手爪。

(2)夹板式

夹板式手爪是搬运过程中最常用的一类手爪，主要有单板式和双板式，适用于整箱或规则盒子的搬运。夹板式手爪夹持力度一般比吸附式手爪大，并且两侧板光滑不会损伤产品外观质量。单板式与双板式的侧板一般会有可旋转爪钩，如图 3-4 所示。

图 3-3　吸附式手爪

夹板式手爪主要用于整箱或规则盒装包装物品的搬运，一次能搬运一箱或多箱，适用于多种行业。

(3)抓取式

抓取式手爪可灵活适应不同形状和内含物的包装袋。图 3-5 所示为常见的抓取式手爪。这类抓取式手爪主要用于袋装物的码放，如面粉、饲料、水泥、化肥等。

(4)组合式

组合式手爪是通过不同类型的手爪组合获得各类手爪优势的一种手爪，其灵活性较大。各手爪之间既可单独使用又可配合使用，可同时满足多个工位的搬运码垛。图 3-6 所示为真空吸附式和抓取式组合的组合手爪。

(a) 单板式手爪　　　　　　　　　　　(b) 双板式手爪

图 3-4　夹板式手爪

图 3-5　抓取式手爪

图 3-6　真空吸附式+抓取式组合手爪

3.4.2　RobotStudio 的建模功能

RobotStudio 软件具有建模功能。"建模"选项卡中包含创建各类几何元素、进行布尔运算等 CAD 操作以及测量功能的控件。使用建模功能可创建一些简单的模型，对模型进行布尔运算，测量物体之间的距离，还可对模型进行颜色、位置等的设定，以满足仿真的需要。以下为具体介绍：

在 RobotStudio 软件中可以创建矩形体、立方体、圆锥体、圆柱体、锥体、球体等三维模型，如图 3-7 所示。也可以创建各种平面图形、曲线等，相应的功能菜单如图 3-8、图 3-9 所示。

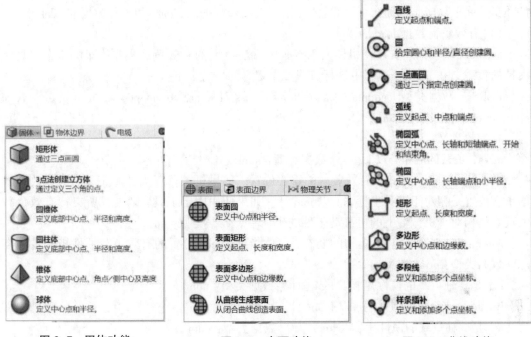

图 3-7 固体功能   图 3-8 表面功能   图 3-9 曲线功能

除此以外，RobotStudio 软件还可方便地对各类模型进行布尔操作，包括交叉、减去和结合，能够拉伸表面生成实体、拉伸曲线生成面、从法线生成直线以及修改曲线等。图 3-10 所示为 RobotStudio 软件的 CAD 操作功能菜单。

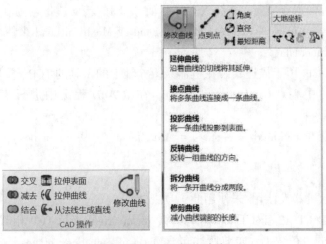

图 3-10 CAD 操作功能

图 3-11 所示为 RobotStudio 软件的测量功能菜单。用户使用测量工具可方便获得点与点之间距离、点与点之间最短距离、圆弧的直径以及角度等。

图 3-11　测量功能

3.4.3　常用程序数据——loaddata 和 tooldata

对搬运应用的工业机器人，应该正确设定夹具的质量、重心数据 tooldata 和搬运对象的质量、重心数据 loaddata。下面具体介绍有效负荷数据 loaddata 和工具数据 tooldata。

（1）有效负荷数据 loaddata

loaddata 用于描述安装在机器人第 6 轴末端法兰上的有效负载数据，即机器人夹具所夹持的负载。在 RAPID 程序中进行负载数据定义的格式如下：

PERS ＜数据类型 loaddata＞ ＜名称＞：=［mass of num，cog of pos，aom of orient，ix of num，iy of num，iz of num］；

各参数含义：

mass，负载的质量，以 kg 计。数据类型：num。

cog（center of gravity），有效负载的重心位置。如果机械臂正夹持着工具，则有效负载的重心位置是相对于工具坐标系，以 mm 计。如果使用固定工具，则夹具所夹持有效负载的重心是相对于机械臂上的可移动工件的坐标系。数据类型：pos。

aom（axes of moment），矩轴的姿态，具体指处于 cog 位置的有效负载惯性矩的主轴姿态。数据类型：orient。

ix，是 x 轴负载的惯性矩，以 kgm^2 计。数据类型：num。

iy，是 y 轴负载的惯性矩，以 kgm^2 计。数据类型：num。

iz，是 z 轴负载的惯性矩，以 kgm^2 计。数据类型：num。

例如：

PERS loaddata piece1：=［5，［50，0，50］，［1，0，0，0］，0，0，0］；

其含义如下：

①有效负载质量为 5 kg；

②相对于工具坐标系，负载重心的位置为 x=50，y=0，z=50；

③有效负载近似为点质量，其绕 X 轴、Y 轴、Z 轴的转动惯量均为 0。

有效负荷数据 loaddata 通常配合指令 GripLoad 或 MechUnitLoad 来使用。

（2）工具数据 tooldata

工具数据 tooldata 用于描述安装在机器人第 6 轴上的工具的 TCP、质量、重心等参数数据，TCP 是工具的中心点（tool center point）。在 RAPID 程序中进行工具数据定义格式如下：

PERS ＜数据类型 tooldata＞ ＜名称＞：=［true/false，［［ trans of pos］，［ rot of orient］］，［tLoad］］；

各参数含义：

true/false 表示机器人使用/未使用此工具；

trans of pos 表示 TCP 相对于 tool0 的偏移，rot of orient 表示 TCP 相对于 tool0 的方位；

tLoad 为工具的负荷数据，如前所述包含 mass of num，cog of pos，aom of orient，ix of num, iy of num, iz of num。

例如：

PERS tooldata tool0：= [true, [[0, 0, 0], [1, 0, 0, 0]], [0.001, [0, 0, 0.001], [1, 0, 0, 0], 0, 0, 0]];

在机器人实际应用中，如果要对工具中心点 TCP 的位置进行设定，可采用如下方法：

①首先在机器人工作范围内找一个非常精确的固定点作为参考点。

②然后在工具上确定一个参考点（一般是工具的中心点）。

③手动操作机器人来定义 TCP。工具采用不同的姿态，使工具中心点靠近机器人工作范围内的固定点，通常有四点法、五点法和六点法，如图 3-12 所示。

④机器人通过这 4~6 个位置点的位置数据计算求得 TCP 数据。

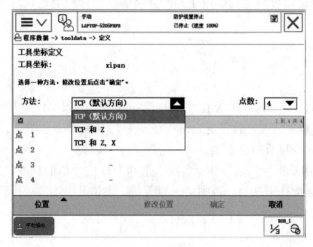

图 3-12 工具坐标的定义

3.4.4 常用 I/O 控制指令、等待指令

I/O 控制指令用于控制 I/O 信号，以实现工业机器人与周边设备通信。为实现安全、准确、可靠的控制，等待指令经常与 I/O 控制指令配合使用。

（1）Set 数字信号置位指令

Set 数字信号置位指令用于将数字输出（digital output）置位为 1。例如：

PROC Routing( )

    Set do1；

ENDPROC

（2）Reset 数字信号复位指令

Reset 数字信号复位指令用于将数字输出（digital output）复位为 0。例如：

PROC Routing( )

    Reset do1；

ENDPROC

注意如果在 Set 和 Reset 指令前有运动指令 MoveJ、MoveL、MoveC、MoveAbsJ 的转弯区

数据，必须使用 fine 才能准确到达目标点，控制输出 I/O 信号状态的变化。

（3）WaitDI 数字输入信号判定指令

WaitDI 数字输入信号判定指令用于判断数字输入信号的值是否与目标值一致。例如：

PROC Routing( )

　　WaitDI di1，1；

　　　　⋮

ENDPROC

上述程序执行时，会等待 di1 的值为 1。如果 di1 为 1，程序才会继续往下执行；如果到达最大等待时间（可根据需要进行设定），di1 还不为 1，则机器人报警或进行出错处理程序。

（4）WaitDO 数字输出信号判定指令

WaitDO 数字输出信号判定指令用于判断数字输出信号的值是否与目标值一致。例如：

PROC Routing( )

　　WaitDO do1，1；

　　　　⋮

ENDPROC

上述程序执行时，会等待 do1 的值为 1。如果 do1 为 1，程序才会继续往下执行；如果到达最大等待时间（可根据需要进行设定），do1 还不为 1，则机器人报警或进行出错处理程序。

（5）WaitUntil 信号判断指令

WaitUntil 信号判断指令用于布尔量、数字量和 I/O 信号值的判断，如果条件到达指令中的设定值，程序继续往下执行，否则将一直等待，除非设定了最大等待时间。例如：

PROC Routing( )

　　WaitUntil di1 = 1；

　　WaitUntil do1 = 1；

　　WaitUntil flag1 = TRUE；

　　WaitUntil num1 = 4；

　　　　⋮

ENDPROC

上述程序将依次等待 di1 的值为 1，do1 的值为 1，flag1 的值为 TRUE，num1 的值为 4。

（6）WaitTime 时间等待指令

WaitTime 时间等待指令用于时间等待，程序在等待一个指定的时间之后，再接着继续往下执行。例如：

PROC Routing( )

　　WaitTime 4；

　　Reset do1；

ENDPROC

等待 4 s 以后，程序继续向下执行复位指令 Reset do1。

3.4.5　常用条件逻辑判断指令

条件逻辑判断指令用于对条件进行判断后执行相应的操作，可分为两类：一类是用于实现选择程序结构的 Compact IF、IF 和 TEST；另一类则是用于实现循环程序结构的 FOR 和 WHILE。

（1）Compact IF 紧凑型条件判断指令

Compact IF 紧凑型条件判断指令用于当一个条件满足后，就执行一句指令。例如：

```
PROC Routing( )
      IF flag=TRUE THEN
              Set do1;
      ENDIF
ENDPROC
```

注意在 Compact IF 紧凑型条件判断指令中 THEN 和 ENDIF 通常省略，上述语句简写为：

IF flag = TRUE Set do1;

该语句表示如果 flag 为 TRUE，则执行 do1 置位为 1。

（2）IF 多分支条件判断指令

IF 多分支条件判断指令根据不同的条件去执行不同的指令。例如：

```
PROC Routing( )
      IF num1 = 1 THEN
              flag1：=TRUE;
      ELSEIF num1 = 2 THEN
              flag1：=FALSE;
      ELSE
              Set do1;
      ENDIF
ENDPROC
```

如果 num1 为 1，则 flag1 会赋值为 TRUE；如果 num1 为 2，则 flag1 会赋值为 FALSE；除了以上两种条件之外，则执行 do1 置位为 1。

（3）TEST 条件判断指令

TEST 条件判断指令用于根据变量的判断结果，执行对应的指令。例如：

```
PROC Routing3( )
 TEST reg1
   CASE 1：
     Routing1;
   CASE 2：
     Routing2;
   DEFAULT：
     Stop;
 ENDTEST
ENDPROC
```

根据 reg1 的值，执行不同的指令。如果 reg1 为 1，则会执行 Routing1；如果 reg1 为 2，则会执行 Routing2；否则停止执行。

（4）FOR 重复执行判断指令

FOR 重复执行判断指令用于一个或多个指令需要重复执行指定次数的情况。例如：

PROC Routing2( )

  FOR i FROM 1 To 10 Do

    Routing1；

  ENDFOR

ENDPROC

上述语句使得例行程序 Routing 执行 10 次。

（5）WHILE 条件判断指令

WHILE 条件判断指令用于在给定条件满足的情况下，一直重复执行对应的指令。例如：

PROC Routing2( )

  WHILE num1>num2 Do

    num1：＝num1−1；

  ENDWHILE

ENDPROC

当 num1>num2 的条件满足的情况下，就会执行 num1：＝num1−1 的操作，直到条件 num1>num2 不满足为止。

3.4.6　数组的定义及引用

在定义程序数据时，可将同类型的数值放在一起，使用索引号来调用其中某个元素，这就是数组。在 RAPID 程序中可定义一维数组、二维数组和三维数组。

（1）一维数组

VAR num reg1{3}：＝[1，2，3]；！定义一个包含 3 个数值类型可变量的一维数组 reg1

reg2：＝reg1{1}；！引用数组 reg1 的第一个元素 1，将其赋给 reg2

注意：RAPID 程序中数组元素的索引号从 1 开始。

（2）二维数组

VAR num reg1{2，3}：＝[[1，2，3]，[4，5，6]]；！定义一个二维数组 reg1

reg2：＝reg1{2，2}；！引用数组 reg1 的第 2 行第 2 列元素 5，将其赋给 reg2

（3）三维数组

VAR num reg1{2，2，2}：＝[[[1，2]，[3，4]]，[[5，6]，[7，8]]]；！定义一个三维数组 reg1

reg2：＝reg1{2，1，2}；！引用数组 reg1 中的元素 6，将其赋给 reg2

在程序中，若要使用大量的同类型、同用途的数据时，可创建数组来统一管理这些数据，便于在编程过程中对数据的统一管理和使用。

3.5　项目实施

3.5.1　任务 1　创建机器人吸盘工具与工作站布局

（1）创建机器人自定义工具吸盘

下面，使用 RobotStudio 的建模功能，来创建一个机器人自定义工具吸盘。

首先，创建一个圆锥，底面半径为 50 mm，高度为 100 mm，如图 3-13 所示。

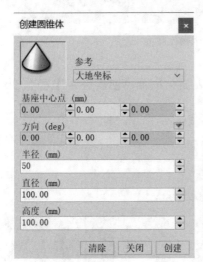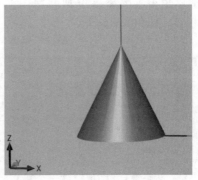

图 3-13　创建圆锥

然后，创建一个半径为 40 mm，高度为 100 mm 的圆柱，其底面与圆锥底面相距 30 mm，如图 3-14 所示。

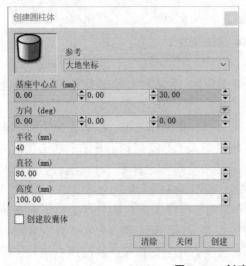

图 3-14　创建圆柱

然后，将两者进行布尔运算。点击"建模"选项卡下的"减去"，用圆锥减去圆柱，如图 3-15 所示。

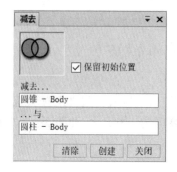

图 3-15　布尔操作减去

接下来，以布尔减法运算得到的模型上表面为底面，创建一个半径为 30 mm，高为 90 mm 的圆柱体，如图 3-16 所示。

图 3-16　创建圆柱 2

然后，使用布尔运算将两者合并为一个组合体，将布尔结合操作得到的部件命名为吸盘，如图 3-17 所示。

接下来将该组合体定义为机器人自定义工具。在操作之前，我们先来了解 RobotStudio 软件中工具安装原理。在 RobotStudio 中，将机器人工具安装到第 6 轴末端法兰盘的基本原理如下：工具模型的本地坐标系与机器人末端法兰盘腕坐标系 Tool0 重合，工具末端的工具坐标系框架作为机器人的工具坐标系 TCP，如图 3-18 所示。

因此，如果希望在构建工业机器人工作站时，机器人末端法兰盘能够正确安装用户自定义工具，就像 RobotStudio 模型库中自带的工具一样，就需要首先在工具安装面创建工具本地坐标，又称本地原点，然后在工具末端创建工具坐标框架，最后通过创建工具，使之

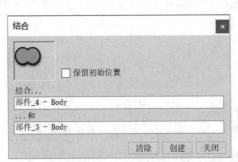

图 3-17　布尔操作结合

图 3-18　机器人工具安装原理

具有工具属性，以下为具体操作：

首先，设定工具本地原点。在吸盘模型上点击右键，选择"位置">"旋转"，将吸盘绕大地坐标 X 轴旋转 180°，旋转操作如图 3-19 所示。

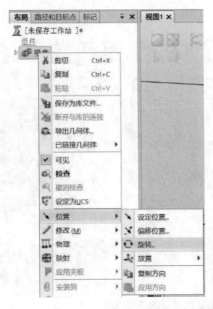
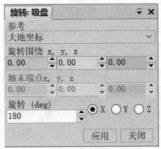

图 3-19　旋转操作

接着，将吸盘模型沿着大地坐标 Z 轴正方向偏移 120 mm，使吸盘工具的安装面与水平面重合，平移操作如图 3-20 所示。

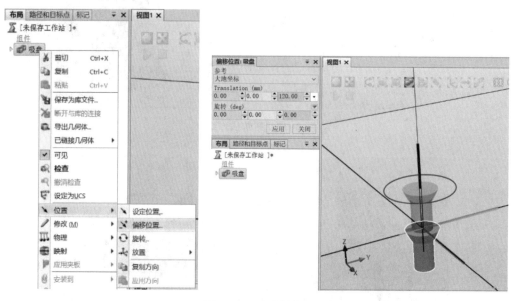

图 3-20 平移操作

然后，设定工具吸盘的本地原点，本地原点设置在吸盘工具安装面的圆心，如图 3-21 所示。

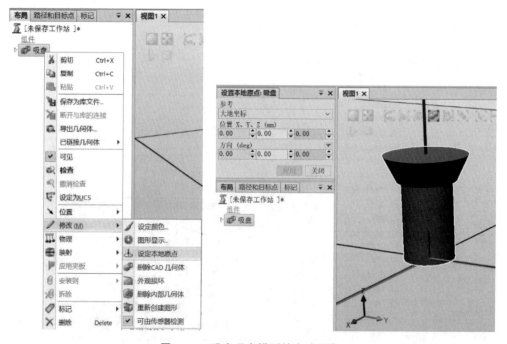

图 3-21 设定吸盘模型的本地原点

这时还可对吸盘模型的颜色进行修改，在吸盘模型上点击鼠标右键，选择"修改">"设定颜色"，即可配置吸盘模型的颜色，如图3-22所示。

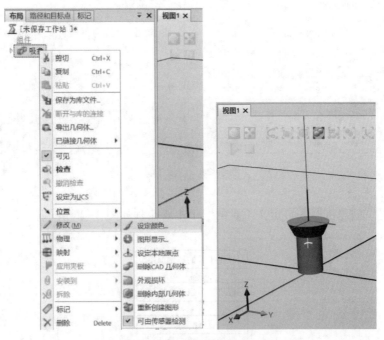

图3-22　修改吸盘颜色

其次，设定工具坐标系。设定工具坐标系采用的方法是创建工具坐标系框架，通过后续操作，将此框架转换为工具坐标系。框架是通用的坐标系，可根据需要转换为具体的坐标系。下面对具体操作步骤进行说明。

在"建模"选项卡下面，选择"框架">"创建框架"。在工具末端创建框架，如图3-23所示。

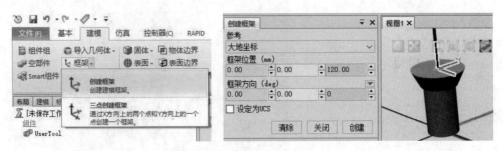

图3-23　创建工具坐标系框架

最后，创建机器人自定义工具。创建工具时需要设定工具的重量、重心位置、转动惯量和TCP等参数。具体操作如下：

在"建模"选项卡下面，选择"创建工具"，如图3-24所示，实现机器人自定义工具吸盘的创建。

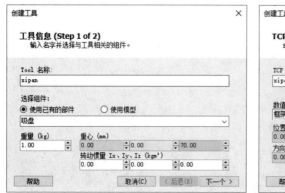

图 3-24　创建工具

综上所述，创建机器人自定义工具的三个主要流程如图 3-25 所示。

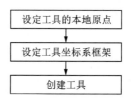

图 3-25　创建机器人自定义工具基本流程

通过以上三个主要操作后得到的吸盘工具如图 3-26 所示。

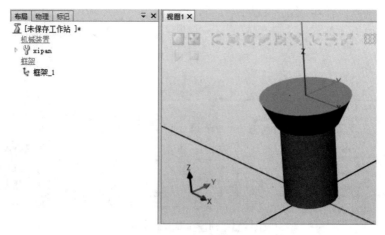

图 3-26　吸盘工具

（2）导入机器人并安装吸盘

接着，导入 ABB 四轴机器人 IRB260_30_150__02，并将吸盘工具安装到机器人末端，如图 3-27 所示。操作过程与 2.5.1 节类似，不再赘述。

（3）创建和布局工作台、工件

接下来，按照任务要求的尺寸，继续用建模工具创建两个工作台和 4 个圆柱形工件，参考项目 2 介绍的内容，运用移动、复制等操作，完成工作台、工件的建模和布局。最后完成的工业机器人搬运仿真工作站如图 3-28 所示。

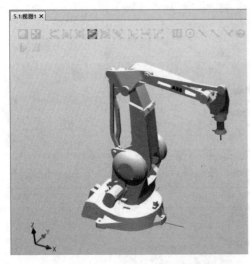

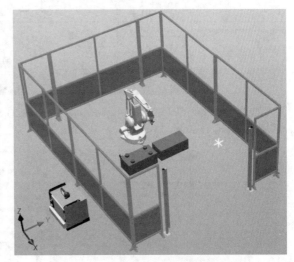

图 3-27　导入机器人并安装吸盘　　　　图 3-28　工业机器人搬运仿真工作站

【练一练】如图 3-28 所示，创建机器人自定义工具吸盘，完成该机器人搬运仿真工作站的创建和布局。

要求：创建和布局机器人搬运仿真工作站，应保证工作台和工件处于机器人工作范围以内，所创建的机器人自定义工具吸盘能正确安装至机器人。

3.5.2　任务 2　使用事件管理器创建动态夹具

事件管理器是 RobotStudio 软件用来实现动画的重要工具。它可以快速完成仿真的一些动画设置，例如机械装置运动、夹具对物体的抓放等动态效果。相比于 RobotStudio 另一仿真动画制作工具 Smart 组件，事件管理器较简单、易于掌握，更适用于制作动作简单的动画。接下来本任务将使用事件管理器创建夹具吸取和放置物料的动态效果。

（1）创建机器人系统

首先创建机器人系统，系统创建的方法以及参数设置参考项目 2，将系统的名称设置为"Handling_station"。系统名称一般应具有一定的意义，以便于查看。

（2）I/O 配置与事件管理器设置

机器人系统与事件管理器之间要进行信号的通信，因此需要添加 ABB 标准 I/O 板，并进行 I/O 信号配置。添加 DSQC 651 标准 I/O 板，并配置一个吸盘控制信号 DO_sucker。首先在"控制器"选项卡中，点击"配置"选项下方的黑色箭头，点击进入 I/O System，如图 3-29 所示。

其次，在"配置">"I/O System"的类型窗口中，选择 DeviceNet Device 并点击鼠标右键，点击"新建 DeviceNet Device…"，如图 3-30 所示。

图 3-29 I/O System

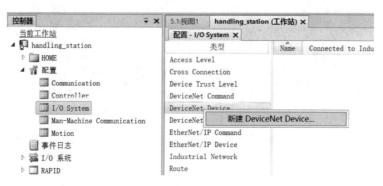

图 3-30 新建 DiviceNet Device

此时，弹出配置标准 I/O 板的实例编辑窗口。在此窗口中，按照如图 3-31 所示的参数进行相应的设置，设置完成后点击"确定"，完成 DSQC 651 标准 I/O 板 Board10 的添加。

图 3-31 添加 DSQC 651 标准 I/O 板

接下来，在"配置">"I/O system"的类型窗口中，选择"Signal"并点击右键，选择"新建
Signal"，如图 3-32 所示。

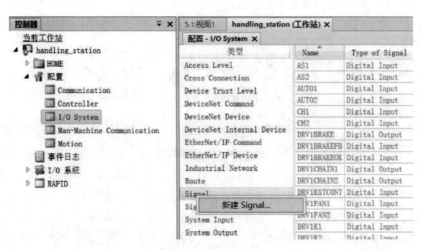

图 3-32　添加信号

此时，弹出配置 I/O 信号的实例编辑窗口。在此窗口中，按照如图 3-33 所示的参数
进行相应的设置，设置完成后点击"确定"，完成吸盘控制信号 DO_sucker 的添加。

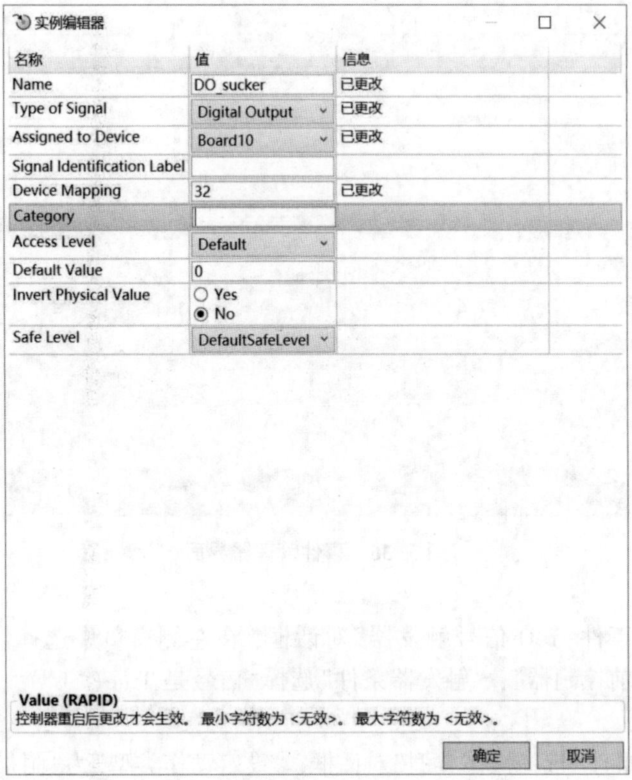

图 3-33　信号设置

标准 I/O 板和 I/O 信号都添加完成后，需要重新启动控制器，设置才能生效。选择"控制器">"重启">"重启动(热启动)"，如图 3-34 所示。

图 3-34　重启控制器

为了实现信号对机器人的控制，下面在事件管理器中进行设置。在"仿真"选项卡下，点击右下角的箭头打开事件管理器，如图 3-35 所示。接下来按照以下步骤添加事件：首先，当 DO_sucker 为 1 时吸附离 TCP 最近的物体。点击"添加"按钮，如图 3-36 所示。

弹出"创建新事件–选择触发类型和启动"对话框，"启动"选择"开"，"事件触发类型"选择"I/O 信号已更改"，单击"下一个"按钮，如图 3-37 所示。

图 3-35　打开事件管理器

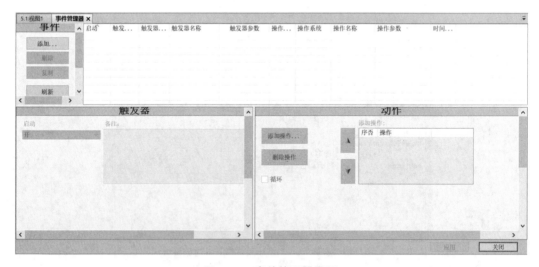

图 3-36　事件管理器界面

弹出"创建新事件–I/O 信号触发器"对话框，在左侧窗口中选择信号"DO_sucker"，"信号源"选择"当前控制器"，"触发器条件"选择"信号是 True('1')"，单击"下一个"按钮，如图 3-38 所示。

进入"创建新事件–选择操作类型"对话框，"设定动作类型"为"附加对象"，即将某一对象附加于另一对象上，单击"下一个"按钮，如图 3-39 所示。

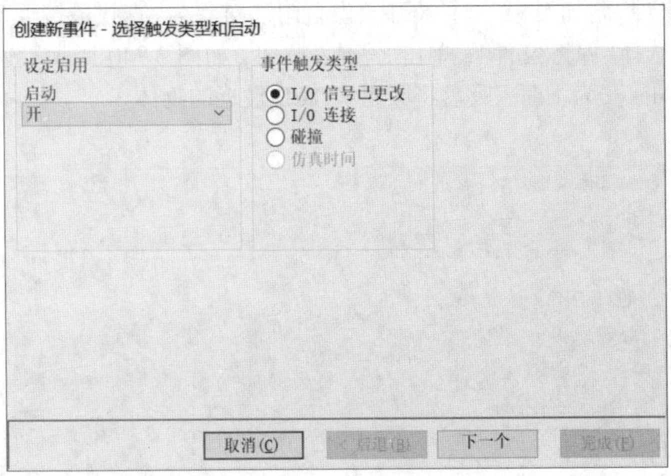

创建新事件 - 选择触发类型和启动

设定启用
启动
开　　　　　　　　　　　　▼

事件触发类型
◉ I/O 信号已更改
○ I/O 连接
○ 碰撞
○ 仿真时间

取消(C)　　< 后退(B)　　下一个　　完成(F)

图 3-37　创建新事件

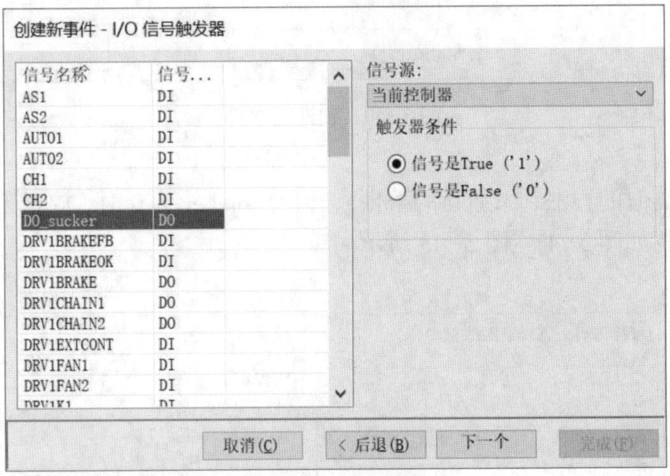

创建新事件 - I/O 信号触发器

信号名称	信号...
AS1	DI
AS2	DI
AUTO1	DI
AUTO2	DI
CH1	DI
CH2	DI
DO_sucker	DO
DRV1BRAKEFB	DI
DRV1BRAKEOK	DI
DRV1BRAKE	DO
DRV1CHAIN1	DO
DRV1CHAIN2	DO
DRV1EXTCONT	DI
DRV1FAN1	DI
DRV1FAN2	DI
DRV1K1	DI

信号源:
当前控制器　　　　　　　　　　▼

触发器条件
◉ 信号是True ('1')
○ 信号是False ('0')

取消(C)　　< 后退(B)　　下一个　　完成(F)

图 3-38　创建新事件

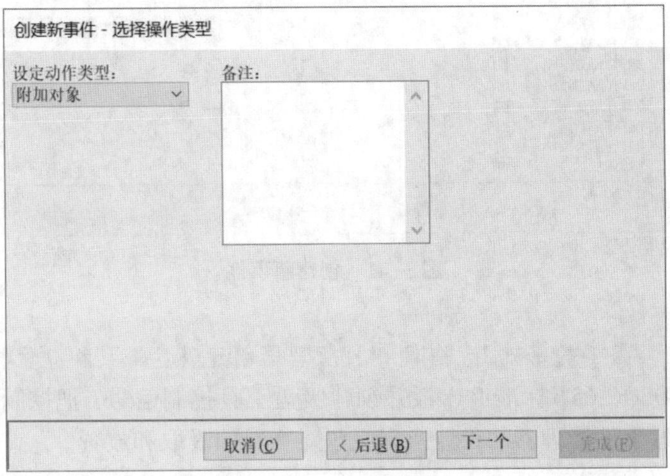

创建新事件 - 选择操作类型

设定动作类型:
附加对象　　　　　▼

备注:

取消(C)　　< 后退(B)　　下一个　　完成(F)

图 3-39　创建新事件

在"创建新事件-附加对象"对话框中，设置附加对象为"查找最接近 TCP 的对象"，安装到"吸盘"，并选择"保持位置"，单击"完成"按钮，如图 3-40 所示。这样就添加了第 1 个事件：当 DO_sucker 为 1 时，吸盘将吸附离 TCP 最近的物体。

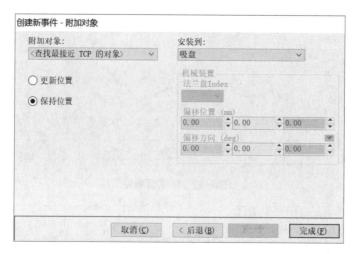

图 3-40　创建新事件

然后，采用类似的方法，添加新的事件，当 DO_sucker 为 0 时，放置工具上面吸附的物体，具体操作步骤如图 3-41～图 3-43 所示。

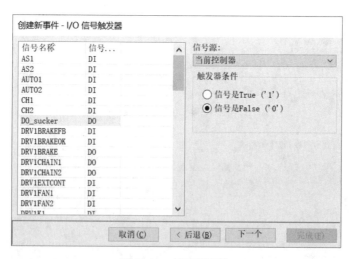

图 3-41　创建新事件

【练一练】在任务 1 的基础上，使用事件管理器创建吸盘工具和放置物料的动态效果。

要求：添加 DSQC 651 标准 I/O 板并创建吸盘工具控制信号，把控制信号与事件管理器进行关联。通过事件管理器的设置实现吸盘对物料的吸取和放置。

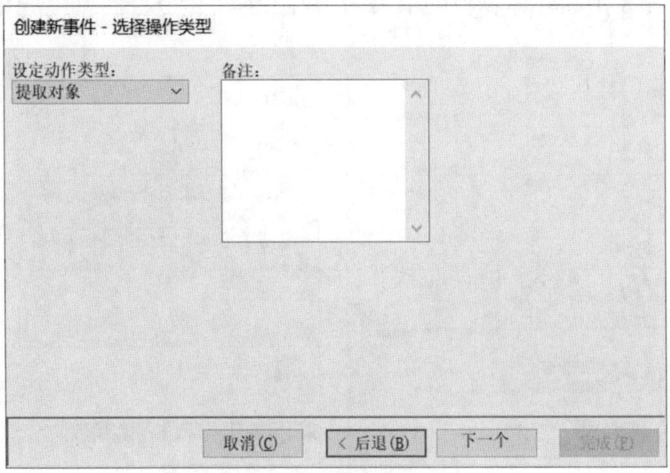

创建新事件 - 选择操作类型

设定动作类型：　　　　　备注：
提取对象

取消(C)　　< 后退(B)　　下一个　　完成(F)

图 3-42　选择操作类型

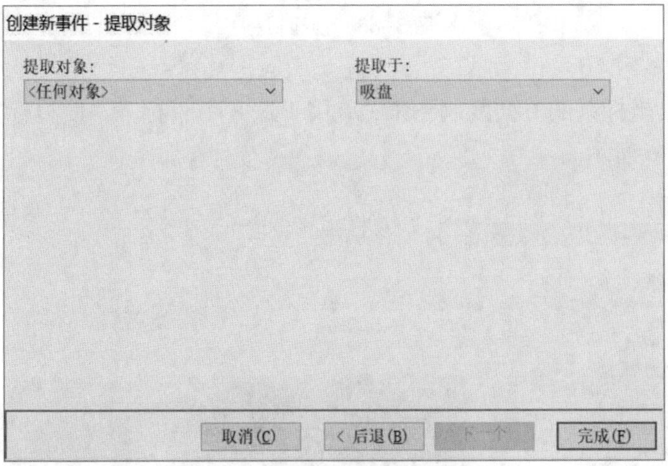

创建新事件 - 提取对象

提取对象：　　　　　　　　提取于：
<任何对象>　　　　　　　　吸盘

取消(C)　　< 后退(B)　　下一个　　完成(F)

图 3-43　提取对象

3.5.3　任务 3　创建搬运程序

（1）创建工件坐标

创建工件坐标的操作参考 2.5.3 节，工件坐标创建完成后如图 3-44 所示。

（2）创建目标点

在圆柱体物料的上表面圆心处创建 8 个目标点，分别对应于要搬运的 4 个圆柱体物料的抓取位置和放置位置。具体操作如下：在"基本"选项卡下面，点击"目标点"下方的黑色箭头，选择"创建目

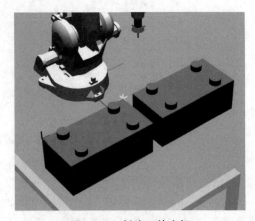

图 3-44　创建工件坐标

标"，然后依次选择 8 个圆柱体物料的上表面圆心，创建 8 个目标点，如图 3-45 所示。

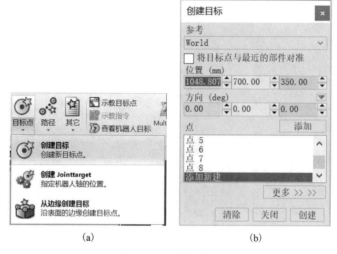

(a)　　　　　　　　　　(b)

图 3-45　创建目标

然后，将工具坐标系的方向复制下来，应用于这 8 个目标点，使目标点的 Z 轴方向竖直向下，如图 3-46 所示。

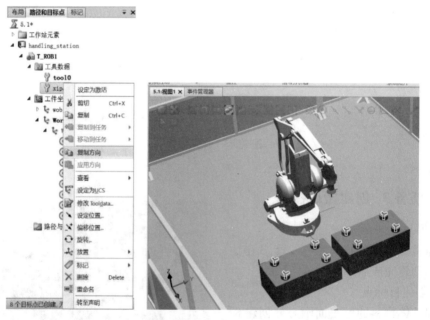

图 3-46　更改目标点方向

（3）添加新路径并同步到控制器

同时按下 Shift+鼠标左键，把这 8 个目标点全部选中，将这 8 个目标点添加为一条新路径并进行自动配置，然后将路径同步至 RAPID，同步的具体操作请参考 2.5.5 节。

（4）编写搬运程序

完成同步以后，在 RAPID 选项卡下编写机器人搬运程序。值得注意的是机器人要能够准确到达抓取点和放置点，才能顺利地将工件抓取和放置于所要求的位置，并且希望机器人准确到达抓取点和放置点时速度降为 0。因此在去往抓取点、放置点以及接近点、离去点的程序语句上使用区域参数 fine。而机器人回安全点的程序语句，为了使得机器人运动轨迹更加平滑，使用转弯半径（程序结束回安全点除外）。因此得到搬运程序如下：

MODULE Module1

　　PERS tooldata xipan：=［TRUE，［［0，0，120］，［1，0，0，0］］，［1，［0，0，1］，［1，0，0，0］，0，0，0］］；

　　TASK PERS wobjdata Workobject_1：=［FALSE，TRUE，""，［［723.807，-850，300］，［1，0，0，0］］，［［0，0，0］，［1，0，0，0］］］；

　　CONST robtarget Target_10：=［［75，150，50］，［0，0，1，0］，［-1，0，-1，0］，［9E+09，9E+09，9E+09，9E+09，9E+09，9E+09］］；

　　CONST robtarget Target_20：=［［75，1050，50］，［0，0，1，0］，［0，0，0，0］，［9E+09，9E+09，9E+09，9E+09，9E+09，9E+09］］；

　　CONST robtarget Target_30：=［［75，650，50］，［0，0，1，0］，［-1，0，-1，0］，［9E+09，9E+09，9E+09，9E+09，9E+09，9E+09］］；

　　CONST robtarget Target_40：=［［75，1550，50］，［0，0，1，0］，［0，0，0，0］，［9E+09，9E+09，9E+09，9E+09，9E+09，9E+09］］；

　　CONST robtarget Target_50：=［［325，150，50］，［0，0，1，0］，［-1，0，-1，0］，［9E+09，9E+09，9E+09，9E+09，9E+09，9E+09］］；

　　CONST robtarget Target_60：=［［325，1050，50］，［0，0，1，0］，［0，0，0，0］，［9E+09，9E+09，9E+09，9E+09，9E+09，9E+09］］；

　　CONST robtarget Target_70：=［［325，650，50］，［0，0，1，0］，［-1，0，-1，0］，［9E+09，9E+09，9E+09，9E+09，9E+09，9E+09］］；

　　CONST robtarget Target_80：=［［325，1550，50］，［0，0，1，0］，［0，0，0，0］，［9E+09，9E+09，9E+09，9E+09，9E+09，9E+09］］；

　　CONST robtarget PHome：=［［146.193，850，719］，［0，0，1，0］，［0，0，0，0］，［9E+09，9E+09，9E+09，9E+09，9E+09，9E+09］］；

　　PROC main()

　　　　MoveJ PHome，v1000，z50，xipan\WObj：=Workobject_1；！机器人回安全点

　　　　Reset DO_sucker；！信号初始化

　　　　MoveL offs(Target_10，0，0，100)，v1000，fine，xipan\WObj：=Workobject_1；

　　　　MoveL Target_10，v1000，fine，xipan\WObj：=Workobject_1；！机器人途经第1个抓取位置上方 100 mm 位置，准确到达第1个抓取点

　　　　Set DO_sucker；！给抓取信号置1

　　　　WaitTime 2；！延时 2 s

　　　　MoveL offs(Target_10，0，0，100)，v1000，fine，xipan\WObj：=Workobject_1；！机器人回抓取点上方

！去第 1 个放置点 Target_20 放置物料

MoveL offs(Target_20, 0, 0, 100), v1000, fine, xipan\WObj：=Workobject_1;

MoveL Target_20, v1000, fine, xipan\WObj：=Workobject_1;

Reset DO_sucker;

WaitTime 2;

MoveL offs(Target_20, 0, 0, 100), v1000, fine, xipan\WObj：=Workobject_1;

MoveJ PHome, v1000, z50, xipan\WObj：=Workobject_1;

！去第 2 个抓取点 Target_30 抓取物料

MoveL offs(Target_30, 0, 0, 100), v1000, fine, xipan\WObj：=Workobject_1;

MoveL Target_30, v1000, fine, xipan\WObj：=Workobject_1;

Set DO_sucker;

WaitTime 2;

MoveL offs(Target_30, 0, 0, 100), v1000, fine, xipan\WObj：=Workobject_1;

！去第 2 个放置点 Target_40 放置物料

MoveL offs(Target_40, 0, 0, 100), v1000, fine, xipan\WObj：=Workobject_1;

MoveL Target_40, v1000, fine, xipan\WObj：=Workobject_1;

Reset DO_sucker;

WaitTime 2;

MoveL offs(Target_40, 0, 0, 100), v1000, fine, xipan\WObj：=Workobject_1;

MoveJ PHome, v1000, z50, xipan\WObj：=Workobject_1;

！去第 3 个抓取点 Target_50 抓取物料

MoveL offs(Target_50, 0, 0, 100), v1000, fine, xipan\WObj：=Workobject_1;

MoveL Target_50, v1000, fine, xipan\WObj：=Workobject_1;

Set DO_sucker;

WaitTime 2;

MoveL offs(Target_50, 0, 0, 100), v1000, fine, xipan\WObj：=Workobject_1;

！去第 3 个放置点 Target_60 放置物料

MoveL offs(Target_60, 0, 0, 100), v1000, fine, xipan\WObj：=Workobject_1;

MoveL Target_60, v1000, fine, xipan\WObj：=Workobject_1;

Reset DO_sucker;

WaitTime 2;

MoveL offs(Target_60, 0, 0, 100), v1000, fine, xipan\WObj：=Workobject_1;

MoveJ PHome, v1000, z50, xipan\WObj：=Workobject_1;

！去第 4 个抓取点 Target_70 抓取物料

MoveL offs(Target_70, 0, 0, 100), v1000, fine, xipan\WObj：=Workobject_1;

MoveL Target_70, v1000, fine, xipan\WObj：=Workobject_1;

Set DO_sucker;

WaitTime 2;

MoveL offs(Target_70, 0, 0, 100), v1000, fine, xipan\WObj：=Workobject_1;

！去第 4 个放置点 Target_80 放置物料

MoveL offs(Target_80, 0, 0, 100), v1000, fine, xipan\WObj：=Workobject_1;

MoveL Target_80, v1000, fine, xipan\WObj：=Workobject_1;

Reset DO_sucker;

WaitTime 2;

MoveL offs(Target_80, 0, 0, 100), v1000, fine, xipan\WObj：=Workobject_1;

MoveJ PHome, v1000, fine, xipan\WObj：=Workobject_1;

ENDPROC

ENDMODULE

在上面的机器人搬运程序中,示教了 8 个目标点,如果只示教两个点,一个抓取点和一个放置点,应如何改写机器人搬运程序呢?

运用循环结构可实现,具体程序如下：

MODULE Module1

PERS tooldata xipan：=[TRUE, [[0, 0, 120], [1, 0, 0, 0]], [1, [0, 0, 1], [1, 0, 0, 0], 0, 0, 0]];

TASK PERS wobjdata Workobject_1：=[FALSE, TRUE, "", [[723.807, -850, 300], [1, 0, 0, 0]], [[0, 0, 0], [1, 0, 0, 0]]];

CONST robtarget PHome：=[[945, 0, 1055], [0, 0, 1, 0], [0, 0, 0, 0], [9E+09, 9E+09, 9E+09, 9E+09, 9E+09, 9E+09]];

CONST robtarget Target_10：=[[797.431, -700, 550], [0, 0, 1, 0], [-1, 0, -1, 0], [9E+09, 9E+09, 9E+09, 9E+09, 9E+09, 9E+09]];

CONST robtarget Target_20：=[[797.431, 200, 550], [0, 0, 1, 0], [0, 0, 0, 0], [9E+09, 9E+09, 9E+09, 9E+09, 9E+09, 9E+09]];

VAR num i：=0;

VAR num j：=0;

PROC main( )

MoveJ PHome, v1000, z100, xipan\WObj：=Workobject_1;

Reset DO_sucker;

FOR i FROM 0 TO 1 DO

FOR j FROM 0 TO 1 DO

MoveL offs(Target_10, i∗250, j∗500, 100), v1000, fine, xipan\WObj：=Workobject_1;

MoveL offs(Target_10, i∗250, j∗500, 0), v1000, fine, xipan\WObj：=Workobject_1;

Set DO_sucker;

WaitTime 2;

MoveL offs(Target_10, i∗250, j∗500, 100), v1000, fine, xipan\WObj：=Workobject_1;

```
            MoveL offs(Target_20, i * 250, j * 500, 100), v1000, fine, xipan\WObj：=
Workobject_1;
            MoveL offs(Target_20, i * 250, j * 500, 0), v1000, fine, xipan\WObj：=
Workobject_1;
            Reset DO_sucker;
            WaitTime 2;
            MoveL offs(Target_20, i * 250, j * 500, 100), v1000, fine, xipan\WObj：=
Workobject_1;
            MoveJ Phome, v1000, fine, xipan\WObj：=Workobject_1;
        ENDFOR
    ENDFOR
ENDPROC
```

程序中使用循环结构语句 FOR,实现了循环结构的程序设计。循环控制变量 i 用来控制行,j 用来控制列,使用 offs 偏移指令来控制机器人相对于抓取和放置基准点 Target_10 和 Target_20 的偏移。

由于每次进行搬运时,都是先去物料所在位置吸附物料,然后去放置位置放置物料,每次搬运的操作类似,只是抓取和放置位置不同。因此,还可以将机器人吸附和放置物料的操作定义为一个带参数的例行程序,然后调用该例行程序 4 次,也可完成 4 个工件的搬运。并且,将机器人回安全点以及 I/O 的初始化操作封装成为初始化例行程序。运用模块化程序设计方法,实现搬运程序如下:

```
MODULE Module1
    PERS tooldata xipan：=[TRUE, [[0, 0, 120], [1, 0, 0, 0]], [1, [0,
0, 1], [1, 0, 0, 0], 0, 0, 0]];
    TASK PERS wobjdata Workobject_1：=[FALSE, TRUE, "", [[723.807,
-850, 300], [1, 0, 0, 0]], [[0, 0, 0], [1, 0, 0, 0]]];
    CONST robtarget Target_10：=[[75, 150, 50], [0, 0, 1, 0], [-1, 0, -1, 0], [9E+
09, 9E+09, 9E+09, 9E+09, 9E+09, 9E+09]];
    CONST robtarget Target_20：=[[75, 1050, 50], [0, 0, 1, 0], [0, 0, 0, 0], [9E+09,
9E+09, 9E+09, 9E+09, 9E+09, 9E+09]];
    CONST robtarget Target_30：=[[75, 650, 50], [0, 0, 1, 0], [-1, 0, -1, 0], [9E+
09, 9E+09, 9E+09, 9E+09, 9E+09, 9E+09]];
    CONST robtarget Target_40：=[[75, 1550, 50], [0, 0, 1, 0], [0, 0, 0, 0], [9E+09,
9E+09, 9E+09, 9E+09, 9E+09, 9E+09]];
    CONST robtarget Target_50：=[[325, 150, 50], [0, 0, 1, 0], [-1, 0, -1, 0], [9E+
09, 9E+09, 9E+09, 9E+09, 9E+09, 9E+09]];
    CONST robtarget Target_60：=[[325, 1050, 50], [0, 0, 1, 0], [0, 0, 0, 0], [9E+
09, 9E+09, 9E+09, 9E+09, 9E+09, 9E+09]];
    CONST robtarget Target_70：=[[325, 650, 50], [0, 0, 1, 0], [-1, 0, -1, 0], [9E+
09, 9E+09, 9E+09, 9E+09, 9E+09, 9E+09]];
```

CONST robtarget Target_80：=[[325, 1550, 50], [0, 0, 1, 0], [0, 0, 0, 0], [9E+09, 9E+09, 9E+09, 9E+09, 9E+09, 9E+09]]；

CONST robtarget PHome：=[[146.193, 850, 719], [0, 0, 1, 0], [0, 0, 0, 0], [9E+09, 9E+09, 9E+09, 9E+09, 9E+09, 9E+09]]；

PERS robtarget Ppick；

PERS robtarget Pputdown；

PROC main( )

　　rinit；! 初始化

　　! 下面调用搬运例行程序 xifang 4 次

　　xifang Target_10, Target_20；

　　xifang Target_30, Target_40；

　　xifang Target_50, Target_60；

　　xifang Target_70, Target_80；

ENDPROC

　! 初始化例行程序 rinit

PROC rinit( )

　　MoveJ PHome, v1000, fine, xipan\WObj：=Workobject_1；

　　Reset DO_sucker；

ENDPROC

　! 带参数的搬运例行程序 xifang

PROC xifang(robtarget Ppick, robtarget Pputdown)

　　MoveL offs(Ppick, 0, 0, 100), v1000, fine, xipan\WObj：=Workobject_1；

　　MoveL Ppick, v1000, fine, xipan\WObj：=Workobject_1；

　　Set DO_sucker；

　　WaitTime 2；

　　MoveL offs(Ppick, 0, 0, 100), v1000, fine, xipan\WObj：=Workobject_1；

　　MoveL offs(Pputdown, 0, 0, 100), v1000, fine, xipan\WObj：=Workobject_1；

　　MoveL Pputdown, v1000, fine, xipan\WObj：=Workobject_1；

　　Reset DO_sucker；

　　WaitTime 2；

　　MoveL offs(Pputdown, 0, 0, 100), v1000, fine, xipan\WObj：=Workobject_1；

　　MoveJ PHome, v1000, fine, xipan\WObj：=Workobject_1；

ENDPROC

注意：在保证机器人运动中不与周边物体发生碰撞的情况下，也可以选用 MoveJ 关节运动。例如机器人去往抓取接近点，机器人从抓取接近点去往放置接近点等。

【练一练】在任务 2 的基础上，按照项目要求，对机器人搬运轨迹进行规划并创建搬运程序，然后进行调试和仿真运行。

要求：机器人要能"拿得起，放得下"，搬运轨迹连续流畅，并且不与周边设备和物料发生碰撞。

3.5.4 任务4 黑白物料分拣

在实际应用中，工业机器人搬运通常结合视觉技术应用于物料装配、分拣和检测等。接下来，我们在完成工业机器人搬运任务的基础上实施机器人分拣任务。首先来了解任务要求：工业机器人要完成对右侧平台 3 行 5 列的黑、白圆柱形物料(未绘出)的颜色识别和分拣。工业机器人识别右侧工作台上的黑、白物料，并将它们分别搬运至左侧仓储平台上的对应位置，如图 3-47 所示。

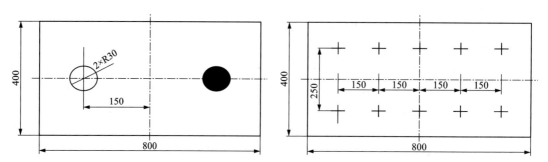

图 3-47 机器人黑白物料分拣工作站布局尺寸

因为创建机器人自定义工具、进行机器人工作站的创建和布局、使用事件管理器创建动态夹具等过程均与前述任务类似，这里只给出机器人分拣程序：

```
MODULE Module1
    PERS tooldata xipan：=[TRUE,[[0,0,120],[1,0,0,0]],[1,[0,0,70],[1,0,
0,0],0,0,0]];
    TASK PERS wobjdata Wobj1：=[FALSE,TRUE,"",[[546.849,-825,500],[1,0,
0,0]],[[0,0,0],[1,0,0,0]]];
    CONST robtarget PHome：=[[323.151,825,519],[0,0,1,0],[0,0,0,0],[9E+
09,9E+09,9E+09,9E+09,9E+09,9E+09]];
    CONST robtarget Ppickbase：=[[75,950,30],[0,0,1,0],[0,0,0,0],[9E+09,
9E+09,9E+09,9E+09,9E+09,9E+09]];
    CONST robtarget Pputblack：=[[200,550,30],[0,0,1,0],[-1,0,-1,0],[9E+
09,9E+09,9E+09,9E+09,9E+09,9E+09]];
    CONST robtarget Pputwhite：=[[200,250,30],[0,0,1,0],[-1,0,-1,0],[9E+
09,9E+09,9E+09,9E+09,9E+09,9E+09]];
    PERS robtarget Pput：=[[200,250,240],[0,0,1,0],[-1,0,-1,0],[9E+9,
9E+9,9E+9,9E+9,9E+9,9E+9]];
    PERS num p{15}：=[0,1,1,0,1,1,1,0,1,0,0,0,0,1,0];！通过视觉获得的
右侧平台上物料的颜色数组,1 为黑色,0 为白色
    VAR num n；！n 用来存放物料索引
    VAR num a：=0；！a 用来存放白色物料的个数
```

```
VAR num b：=0；！b 用来存放黑色物料的个数
PROC main( )
    MoveJ PHome, v1000, z50, xipan\WObj：=Wobj1;
    Reset Do_sucker;
    FOR i FROM 0 TO 2 DO
        FOR j FROM 0 TO 4 DO
            MoveL offs(Ppickbase, i*125, j*150, 150), v1000, fine, xipan\WObj：=Wobj1;
            MoveL offs(Ppickbase, i*125, j*150, 0), v1000, fine, xipan\WObj：=Wobj1;
            Set Do_sucker;
            WaitTime 2;
            MoveL offs(Ppickbase, i*125, j*150, 150), v1000, fine, xipan\WObj：=Wobj1;
            MoveJ PHome, v1000, z50, xipan\WObj：=Wobj1；！防碰撞, 先回安全点
            n：=i*5+j+1；！根据物料所在行列, 计算物料索引号
            IF p{n}=0 THEN
                Incr a;
                Pput：=offs(Pputwhite, 0, 0, (a-1)*30);
            ELSE
                Incr b;
                Pput：=offs(Pputblack, 0, 0, (b-1)*30);
            ENDIF
            MoveL offs(Pput, 0, 0, 150), v1000, fine, xipan\WObj：=Wobj1;
            MoveL Pput, v500, fine, xipan\WObj：=Wobj1;
            Reset Do_sucker;
            WaitTime 2;
            MoveL offs(Pput, 0, 0, 150), v1000, fine, xipan \WObj：=Wobj1;
            MoveJ PHome, v1000, fine, xipan\WObj：=Wobj1;
        ENDFOR
    ENDFOR
ENDPROC
PROC Path_10( )
    MoveJ PHome, v1000, fine, xipan\WObj：=Wobj1;
    MoveL Ppickbase, v1000, fine, xipan\WObj：=Wobj1;
    MoveL Pputblack, v1000, fine, xipan\WObj：=Wobj1;
    MoveL Pputwhite, v1000, fine, xipan\WObj：=Wobj1;
ENDPROC
ENDMODULE
```

程序中循环控制变量 i 用来控制行, 循环控制变量 j 用来控制列。机器人依次逐行逐列去右侧平台上的位置抓取物料, 然后通过 n：=i*5+j+1 式计算物料索引, 并根据该索引查询视觉数据表 p{15}：=[0, 1, 1, 0, 1, 1, 1, 0, 1, 0, 0, 0, 0, 1, 0]。如果 p{n} 为 0,

则表示为白色物料，如果 $p\{n\}$ 为 1，则表示为黑色物料，分别对黑白物料个数进行计数，并分拣至相应的位置。

【练一练】按照分拣任务要求，对机器人搬运轨迹进行规划并创建程序，然后进行调试和仿真运行。

要求：机器人要能实现黑白物料分拣任务，搬运轨迹连续流畅，并且不与周边设备和物料发生碰撞。

3.6 项目考评

表 3-1 项目考评表

项目名称		工业机器人搬运离线编程与仿真		
姓名			日期	
项目 要求		项目围绕工业机器人搬运应用，以下图所示的工业机器人搬运仿真工作站的建模、布局、离线编程与仿真为例，实现工业机器人按要求连续将左侧供料区的物料搬运至右侧仓储区中对应位置。搬运对象为圆柱形的物料，工具使用吸盘代替		

序号	考查项目	考查要点	评价结果		
1	知识	1. 工业机器人搬运工作站的基本组成	□掌握	□初步掌握	□未掌握
		2. RobotStudio 软件的建模功能	□掌握	□初步掌握	□未掌握
		3. 常用程序数据 loaddata 和 tooldata	□掌握	□初步掌握	□未掌握
		4. 事件管理器的功能	□掌握	□初步掌握	□未掌握
		5. 常用 I/O 控制指令、等待指令	□掌握	□初步掌握	□未掌握
		6. 常用条件逻辑判断指令	□掌握	□初步掌握	□未掌握
		7. 数组的定义及引用	□掌握	□初步掌握	□未掌握

续上表

序号	考查项目	考查要点	评价结果			
2	技能	1. 使用 RobotStudio 软件创建吸盘、工作台和物料模型	□优秀	□良好	□一般	□继续努力
		2. 使用事件管理器创建动态夹具，实现吸盘吸取、放置动画效果	□优秀	□良好	□一般	□继续努力
		3. 完成机器人搬运程序创建、调试和工作站仿真运行	□优秀	□良好	□一般	□继续努力
		4. 完成机器人分拣程序创建、调试和工作站仿真运行	□优秀	□良好	□一般	□继续努力
3	素养	1. 安全可控、绿色环保意识	□优秀	□良好	□一般	□继续努力
		2. 多角度分析问题、解决问题	□优秀	□良好	□一般	□继续努力
学习体会						

3.7　项目拓展

　　垃圾分类能够减少环境污染，有助于资源再利用。随着工业机器人技术的发展，工业机器人能够代替人完成垃圾分拣工作。如图 3-48 所示，请选用四轴搬运工业机器人，创建和布局工业机器人垃圾分拣仿真工作站，添加机器人系统，创建和调试机器人分拣程序，通过机器人完成对右侧平台 3 行 4 列的黑、白、红 3 种不同垃圾识别，并将它们分别搬运至左侧平台上的对应位置。

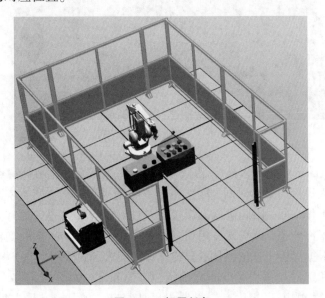

图 3-48　拓展任务

项目 4
工业机器人弧焊离线编程与仿真

4.1　项目背景

　　小科兴致勃勃地和小伙伴们议论一则新闻：在某海上风电项目，一艘起重船将重达4000吨的海上巨无霸——相当于6个标准篮球场面积、6层楼高、25头成年蓝鲸重量的海上升压站顺利吊装到位，如图4-1所示。大智老师告诉大家海洋工程装备及高技术船舶是中国制造2025提出要重点发展的十大领域之一。海上作业装备、豪华邮轮、液化天然气船等都是由成千上万条焊缝将各个结构件连接而成的，每一条焊缝的质量都直接影响设备的工作。

图 4-1　海上风电设备安装

　　近年来，大量的工业机器人被应用于焊接。焊接机器人工作站的特点是人工装卸工件的时间小于机器人焊接的工作时间，能够充分地利用机器人，生产效率高。同时，由于操作者远离机器人工作空间，因此机器人焊接安全性好。焊接过程中通常采用转台、变位机交换工件和改变工件姿态，以实现占用相对较小面积，有效完成焊接作业。

　　焊接机器人根据焊接工艺的不同，分为点焊机器人和弧焊机器人。点焊机器人在工作时是在焊点位置和工件触碰，焊点的准确定位非常重要，对焊钳的移动轨迹没有严格要求。弧焊机器人弧焊的工序相比点焊机器人更加复杂，在焊接过程中焊丝端部的运动轨迹、焊枪的姿态以及焊接参数都要求精准控制。小科和小伙伴们听了迫不及待地想要跟着大智老师学习如何创建机器人弧焊工作站，编写机器人弧焊程序让机器人舞动焊枪。

4.2　学习目标

知识目标：

- 了解工业机器人弧焊工作站的基本组成。
- 了解变位机的分类和作用。
- 掌握六点定位与安装方法。
- 掌握 ABB 标准 I/O 通信及常用弧焊信号配置。
- 掌握弧焊常用程序数据与编程指令。
- 掌握子例行程序及其调用方法。

能力目标：

- 能正确加载和安装变位机与工件。
- 能创建带变位机的机器人弧焊系统。
- 能配置弧焊常用信号和弧焊参数。
- 会设置和使用碰撞监控。
- 能创建、调试和仿真运行机器人弧焊程序。

素养目标：

- 在碰撞检测及焊接编程的过程中，增强安全意识，培养精益求精的工作作风。
- 通过学习焊接领域大国工匠的事迹，培养敬业精神，树立技能报国的理想信念。

4.3　项目分析

本项目围绕机器人弧焊离线编程与仿真展开，带领大家在 RobotStudio 中加载变位机，创建带变位机的弧焊机器人系统，配置机器人弧焊常用信号和弧焊参数，学习 ABB 机器人常用的弧焊程序数据与编程指令，学会创建、调试和仿真运行机器人弧焊程序。项目中采用串联型六轴机器人实现某结构件的焊接，如图 4-2 所示。

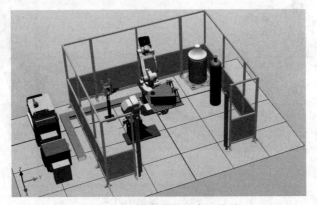

图 4-2　机器人弧焊仿真工作站

4.4　知识链接

4.4.1　工业机器人弧焊工作站的基本组成

工业机器人弧焊工作站一般由弧焊机器人、焊接电源及送丝机、焊枪及清枪剪丝装置、工装夹具、变位机、保护气体设备、冷却系统、安全系统和排烟系统等组成。

弧焊机器人多采用气体保护焊的方法，例如 MAG 焊、MIG 焊、TIG 焊等。焊接电源俗称焊机，它是机器人弧焊工作站中的核心设备之一。在选择焊接电源时，由于在弧焊机器人的工作周期中，电弧的时间所占比例较大，因此通常按持续率 100% 来确定电源的容量。送丝机的安装要考虑送丝的稳定性问题。送丝机构既可安装于机器人的机械臂上，也可放在机器人之外。相比较而言，当送丝机构安装于机器人的机械臂上时，焊枪与送丝机之间的软管较短，更有利于保持送丝的稳定性。

变位机是用来拖动待焊工件，使工件的待焊焊缝运动至理想位置进行焊接作业的设备。变位机可与操作机、焊机配套使用，组成自动焊接中心，也可用于手工作业时的工件变位。工作台回转一般采用变频器无级调速，调速精度高。遥控盒可实现对工作台的远程操作，也可与机器人、焊机控制系统相连，实现联动操作。如图 4-3 所示，变位机按照其运动自由度的数目分为单轴变位机、双轴变位机、三轴变位机、五轴变位机等。

(a) 单轴变位机　　　　　　　　　　(b) 双轴变位机

(c) 三轴变位机　　　　　　　　　　(d) 五轴变位机

图 4-3　变位机的分类

由于弧焊过程中会产生大量的烟雾,为了保证焊缝的跟踪和焊接的质量,智能弧焊机器人还通常需要配备传感器系统,如电弧追踪系统、接触传感装置等,进行焊接过程的监控,并会设计相应的除尘排烟系统。

4.4.2　六点定位与安装

在进行弧焊作业时,应使焊件在夹具中得到确定的位置,并在装配、焊接过程中一直将其保持在原来的位置上。按图样要求得到焊件确定位置的过程称为定位。把焊件在装焊作业中一直保持在确定位置上的过程称为夹紧。

为了使焊件在夹具中得到要求的确定位置,首先来看物体在空间的位置怎样确定。空间中一个尚未定位的工件,其位置是不确定的。如图 4-4 所示,将未定位的长方体工件放在空间直角坐标系中。该工件可以沿 X、Y、Z 轴移动,也可绕 X、Y、Z 轴自由转动,共有 6 个自由度。

如果在 XOY 平面上放一块平板 B 来支承工件,这时工件只能在这个平面沿 X 轴移动、沿 Y 轴移动和绕 Z 轴旋转,而不能沿 Z 轴移动、绕 X 轴和 Y 轴旋转。也就是说支承板消除了工件的三个自由度,如图 4-5 所示。

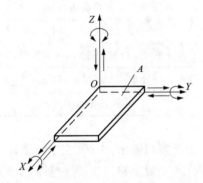

图 4-4　未定位工件的 6 个自由度

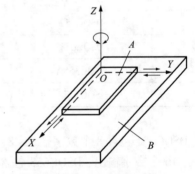

图 4-5　限制工件的 3 个自由度

如果在工件的 XOZ 平面上放置两个挡块 1 和 2,工件就不能沿 Y 轴移动和绕 Z 轴旋转,从而消除两个自由度。在工件的 ZOY 平面上再设置挡块 3,消除工件沿 X 轴移动的自由度,这样工件的空间位置被确定下来,如图 4-6 所示。

三点决定一平面,因此可以用三个定位支承点代替图 4-6 中的支承平板 B,同时也把挡块 1、2、3 当作定位支承点,从而一个定位支承点平均消除了一个自由度。这种用适当分布的 6 个支承点限制工件 6 个自由度的原则称为“六点定位原则”。

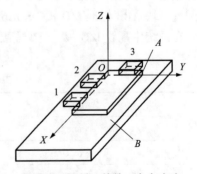

图 4-6　限制工件的 6 个自由度

通常把有 3 个支承点的平面称为安装基面。在安装基面上,3 个支承点不能在一条直线上,被支承工件的重心落在这三个支承点作为顶点所构成的三角形内。这三个定位支承点之间的距离越远,则安装基面越大,焊件的安装稳定性和相关位置精度就越高。总之,支承点的分布必须适当，否则 6 个支承点限制不了工件的 6 个自由度。

4.4.3 ABB 机器人标准 I/O 通信

ABB 机器人提供了丰富的 I/O 通信接口，轻松地实现与周边设备的通信。例如 ABB 的标准通信，与 PLC 的现场总线通信，还有与 PC 机的数据通信，如图 4-7 所示。

ABB 标准 I/O 板下挂在 DeviceNet 总线上，常用型号有 DSQC651、DSQC652 等，如表 4-1 所示。

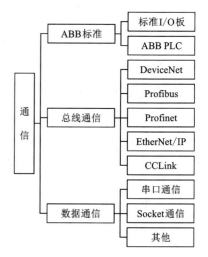

图 4-7　ABB 机器人 I/O 通信的种类

表 4-1　常用 ABB 标准 I/O 板

型号	说明
DSQC651	分布式 I/O 模块 di8\do8\ao2
DSQC652	分布式 I/O 模块 di16\do16
DSQC653	分布式 I/O 模块 di8\do8 带继电器
DSQC355A	分布式 I/O 模块 ai4\ao4
DSQC377A	输送链跟踪单元

DSQC651 包含 8 个数字输入，8 个数字输出和 2 个模拟输出；DSQC652 包含 16 个数字输入，16 个数字输出；DSQC653 包含 8 个数字输入，8 个数字输出，带继电器；DSQC355A 包含 4 个模拟输入，4 个模拟输出；DSQC377A 是输送链跟踪单元，具体规格参数均以 ABB 官方最新公布为准。在本项目中，需要用到焊接电压和焊接电流两个模拟量信号，因此我们配置一块 ABB 标准 I/O 板 DSQC651。

在系统中配置 I/O 板，至少需要设置 4 项参数，如表 4-2 所示。

表 4-2　标准 I/O 板参数

参数名称	参数注释
Name	I/O 单元名称
Type of Unit	I/O 单元类型
Connected to Bus	I/O 单元所在总线
DeviceNet Address	I/O 单元所占用总线地址

在 I/O 板上创建一个数字 I/O 信号，也至少需要设置 4 项参数，如表 4-3 所示。

表 4-3　I/O 信号参数

参数名称	参数注释
Name	I/O 信号名称
Type of Signal	I/O 信号类型
Assigneded to Device	I/O 信号所在单元
Device Mapping	I/O 信号所占用单元地址

下面，具体介绍 ABB 标准 I/O 板 DSQC651。DSQC651 模块如图 4-8 所示。

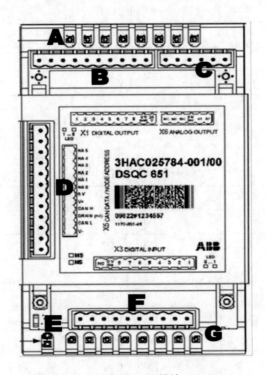

图 4-8　ABB 标准 I/O 模块 DSQC651

现将 DSQC651 各接口的功能说明如下：

A　数字输出信号指示灯。

B　X1 数字输出接口。

C　X6 模拟输出接口。

D　X5 DeviceNet 接口。

E　模块状态指示灯。

F　X3 数字输入接口。

G　数字输入信号指示灯。

X1 各端子说明见表 4-4。

表 4-4　X1 各端子说明

X1 端子编号	使用定义	地址分配
1	OUTPUT CH1	32
2	OUTPUT CH2	33
3	OUTPUT CH3	34
4	OUTPUT CH4	35
5	OUTPUT CH5	36
6	OUTPUT CH6	37
7	OUTPUT CH7	38
8	OUTPUT CH8	39
9	0 V	
10	24 V	

X3 各端子说明见表 4-5。

表 4-5　X3 各端子说明

X3 端子编号	使用定义	地址分配
1	INPUT CH1	0
2	INPUT CH2	1
3	INPUT CH3	2
4	INPUT CH4	3
5	INPUT CH5	4
6	INPUT CH6	5
7	INPUT CH7	6
8	INPUT CH8	7
9	0 V	
10	未使用	

X5 各端子说明见表 4-6。

表 4-6　X5 各端子说明

X5 端子编号	使用定义
1	0 V BLACK(黑色)
2	CAN 信号线 low BLUE(蓝色)

续表4-6

X5 端子编号	使用定义
3	屏蔽线
4	CAN 信号线 high WHITE(白色)
5	24 V RED(红色)
6	GND 地址选择公共端
7	模块 ID bit 0 (LSB)
8	模块 ID bit 1 (LSB)
9	模块 ID bit 2 (LSB)
10	模块 ID bit 3 (LSB)
11	模块 ID bit 4 (LSB)
12	模块 ID bit 5 (LSB)

如前所述，ABB 标准 I/O 板是下挂在 DeviceNet 总线上的，所以要设定模块在网络中的地址。端子 X5 的 6~12 跳线就是用来决定模块的地址的，地址可用范围为 10~63。如图 4-9 所示，将第 8 脚和第 10 脚的跳线剪去，2+8＝10，就可以获得 10 的地址。

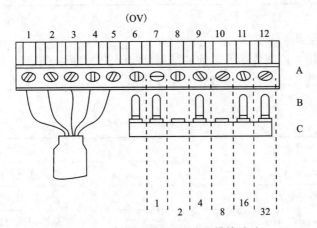

图 4-9 X5 的 6~12 跳线决定模块地址

X6 各端子说明见表 4-7。

表 4-7 X6 各端子说明

X6 端子编号	使用定义	地址分配
1	未使用	
2	未使用	
3	未使用	

续表4-7

X6 端子编号	使用定义	地址分配
4	0 V	
5	模拟输出 AO1	0~15
6	模拟输出 AO2	16~31

4.4.4 弧焊常用程序数据

（1）WeldData 焊接参数

焊接参数在焊接过程中用来控制机器人的焊接速度、焊机输出的电压和电流大小。需要设定的参数如表4-8所示。

表 4-8　WeldData 参数

参数名称	参数注释
Weld_speed	焊接速度
Voltage	焊接电压
Current	焊接电流

（2）SeamData 起弧收弧参数

起弧收弧参数用来控制焊接开始前和结束后吹保护气的时间长度，以保证焊接时的稳定性和焊缝的完整性。需设置的参数如表4-9所示。

表 4-9　SeamData 参数

参数名称	参数注释
Purge_time	清枪吹气时间
Preflow_time	预吹气时间
Scrape_start	刮擦起弧时刻
Postflow_time	尾吹气时间

（3）WeaveData 摆弧参数

摆弧参数用来控制机器人在焊接过程中焊枪的摆动，通常在焊缝的宽度超过焊丝直径较多的时候通过焊枪的摆动去填充焊缝。需要设定的参数如表4-10所示。

表 4-10　WeaveData 参数

参数名称	参数注释
Weave_shape	摆动的形状
Weave_type	摆动的模式
Weave_length	一个周期前进的距离
Weave_width	摆动的宽度
Weave_heigh	摆动的高度，只在三角形摆动和 V 字形摆动时有效

摆动形状 Weave_shape 设置，如表 4-11 所示。

表 4-11　Weave_shape 参数

参数	参数注释
0	没有摆动
1	Z 字形摆动
2	V 字形摆动
3	三角形摆动

摆动模式 Weave_type 设置，如表 4-12 所示。

表 4-12　Weave_type 参数

参数	参数注释
0	机器人的六个轴都参与摆动
1	5、6 轴参与摆动
2	1、2、3 轴参与摆动
3	4、5、6 轴参与摆动

4.4.5　弧焊常用指令

（1）ArcLStart 线性焊接开始指令

ArcLStart 用于直线焊缝的焊接开始，工具中心点线性移动到指定目标位置，整个焊接过程通过参数监控和控制，程序如下：

ArcLStart p1, v100, seam1, weld1, fine, gun1;

（2）ArcL 线性焊接指令

ArcL 用于直线焊缝的焊接，工具中心点线性移动到指定目标位置，焊接过程通过参数控制。程序如下：

ArcL p3, v100, seam1, weld1, z10, gun1;

（3）ArcLEnd 线性焊接结束指令

ArcLEnd 用于直线焊缝的焊接结束，工具中心点线性移动到指定的目标位置，整个焊接过程通过参数监控和控制。程序如下：

ArcLEnd p2, v100, seam1, weld1, fine, gun1；

（4）ArcCStart 圆弧焊接开始指令

ArcCStart 用于圆弧焊缝的焊接开始，工具中心点沿圆弧移动到指定目标位置并在该处起弧，整个焊接过程通过参数监控和控制。程序如下：

ArcCStart p1, p2, v100, seam1, weld1, fine, gun1；

（5）ArcC 圆弧焊接指令

ArcC 用于圆弧焊缝的焊接，工具中心点沿圆弧移动到指定目标位置，焊接过程通过参数控制。程序如下：

ArcC p1, p2, v100, seam1, weld1, z10, gun1；

（6）ArcCEnd 圆弧焊接结束指令

ArcCEnd 用于圆弧焊缝的焊接结束，工具中心点沿圆弧移动到指定的目标位置并在该处收弧，整个焊接过程通过参数监控和控制。程序如下：

ArcCEnd p2, p3, v100, seam1, weld5, fine, gun1；

注意在焊接过程中，不同的程序语句可以使用不同的焊接参数（SeamData 和 WeldData）。

4.4.6　子例行程序及其调用

在实际中，实现一个完整的生产流程，可能要编写上百条甚至上千条机器人程序。在这些情况下，我们需要根据完整的工作流程分解和提取出相对独立的子流程，并为实现不同功能的子流程编写对应的子例行程序或者将机器人需要重复执行的程序封装成为子例行程序。在该流程要执行时，只需要在主例行程序去调用子例行程序。当需要反复执行该流程时，也只需要反复调用对应的子例行程序。ProcCall 调用例行程序指令用于调用已有的例行程序。如图 4-10 所示，在程序编辑器中，点击左下角"添加指令"，选择 Prog. Flow 指令集下面的 ProcCall，然后就可以选择要调用的子例行程序。

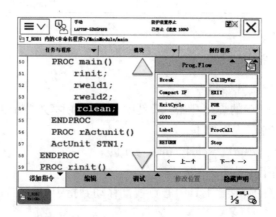

图 4-10　ProcCall 调用例行程序指令

ProcCall 调用例行程序指令的作用是：当程序执行到该指令时，将完整地执行被调用的子例行程序；当被调用的子例行程序执行完成后，程序将继续执行该调用例行程序指令后面的程序。机器人程序既可以相互调用，也可以自我调用，即递归调用。其中特殊的一类是 Function 功能类型的程序，通常简称为功能，例如 Offs、RelTool 等。这种 Function 类型的程序有特定类型的返回值，必须通过表达式调用。

4.5　任务实施

4.5.1　任务1　变位机与工件加载

本项目中，待焊接的工件是某箱型臂架的臂根结构件，如图 4-11 所示。

由于结构件要焊接的位置位于不同的面，需要加载一个变位机，来改变其姿态以满足焊接加工的需要。操作步骤如下：

首先，选择"基本"选项卡，点击"ABB模型库"按钮，下拉找到变位机，选择变位机 IRBP A，如图 4-12 所示。

选择变位机 IRBP A 后，弹出对话框如图 4-13 所示。

图 4-11　待焊结构件

图 4-12　加载变位机

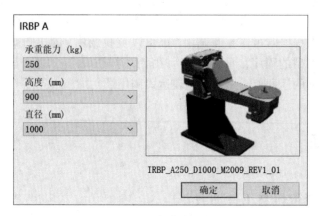

图 4-13　加载变位机

设置变位机的"承重能力"为 250 kg，"高度"为 900 mm，"直径"为 1000 mm，然后单击"确定"。

接下来调节变位机的位置。打开"显示机器人工作区域"功能，以帮助更好地调节变位机的位置，便于机器人对工件进行焊接。

在调节完变位机的位置以后，记得关闭机器人工作区域的显示。然后，将待焊接的结构件导入工作站。选择"基本"选项卡下面"导入几何体"，如图 4-14 所示。

图 4-14　导入几何体

然后选择"浏览几何体"，找到名称为"boom"的待焊接臂架根部模型，单击"打开"按钮，将其加载到工作站。

此时，需要将待焊接构件安装到变位机上，它才能够随着变位机的旋转改变姿态。因此，在"boom"上单击鼠标右键，在弹出的快捷菜单中选择"安装到"，找到变位机 IRBP A，在弹出的对话框中单击"是"，如图 4-15 所示。

除了这种工件安装方式以外，还可以在左侧"布局"窗口中，使用鼠标左键选择"boom"，将其拖至变位机 IRBP A 上，同样会弹出如图 4-15(b)所示更新工件位置的窗口，点击"是"完成工件的安装。如果安装以后，工件的位置不太合适，还可对其位置进行调整。

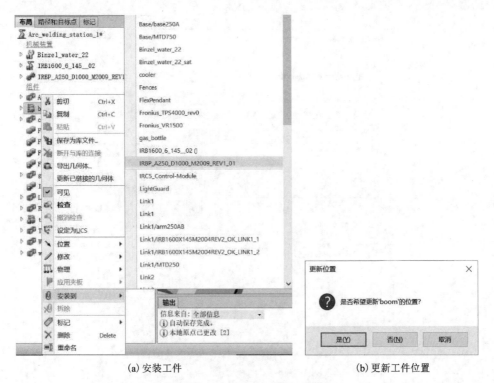

(a) 安装工件　　　　　　　　　　(b) 更新工件位置

图 4-15　安装工件到变位机

【练一练】根据所提供的工作站打包文件，加载变位机和工件。

4.5.2　任务 2　创建机器人系统及弧焊信号

（1）创建机器人系统

完成变位机及工件的导入和位置设置以后，需要创建带变位机的弧焊机器人系统。具体操作步骤如下：

在"基本"选项卡下面，选择"机器人系统"，采用"从布局"的方式创建机器人系统。在 System 名称下面填入系统名称"Arcwelding_systerm"，单击"下一个"按钮，如图 4-16所示。

进入"选择系统的机械装置"对话框，默认选择了当前工作站中的机器人 IRB1600 和变位机 IRBP A。保持默认选项，单击"下一个"按钮，如图 4-17 所示。

进入"配置此系统"对话框，保持默认"控制器任务"选项，其中包含机器人和变位机两个机械装置，单击"下一个"按钮，如图 4-18 所示。

进入"系统选项"对话框，单击"选项"，进行机器人系统配置，如图 4-19 所示。

在"更改选项"窗口中，设置参数如下：Default Language 选择 Chinese；Industrial Networks 选择 709-1 DeviceNet Master/Slave；Arc 选择 633-4 Arc，因弧焊相关的参数及指令包含在该弧焊包中，故需要添加，如图 4-20 所示。

最后，单击"确定"按钮，返回"系统选项"对话框。点击"完成"，从而完成弧焊机器人系统的创建，如图 4-21 所示。

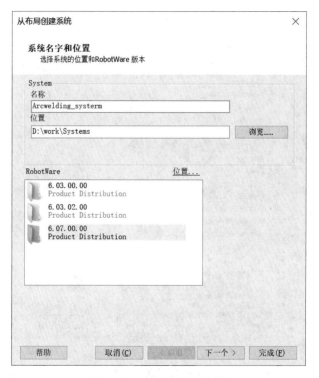

图 4-16　系统名字和位置

图 4-17　选择系统的机械装置

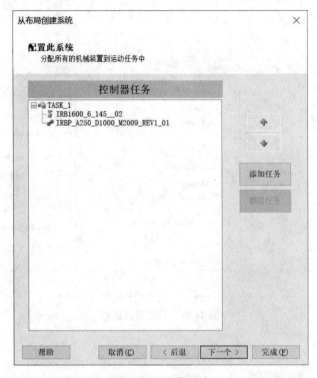

图 4-18　配置系统

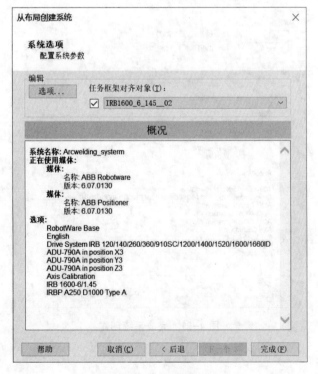

图 4-19　系统选项

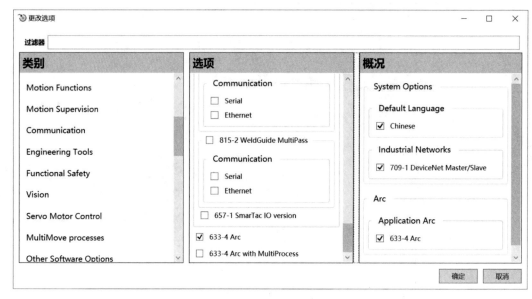

图4-20　更改系统选项

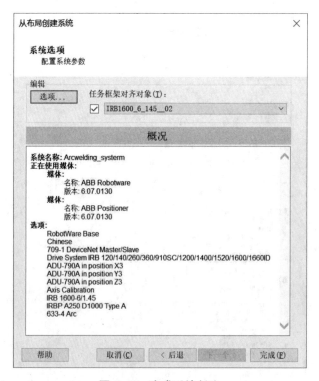

图4-21　完成系统创建

（2）创建信号

在弧焊机器人系统中，需要添加I/O板及定义I/O信号，并与ABB弧焊软件中的相关端口进行关联，在机器人弧焊程序的编写与调试过程中，可以方便高效地对机器人进行弧焊工艺控制。

添加 DSQC 651 标准 I/O 板及信号的具体操作如下：

首先，在"控制器"选项卡下面，点击"配置">"I/O System"，如图 4-22 所示。

图 4-22 配置 I/O System

在"类型"窗口下找到 DeviceNet Device，在其上点击鼠标右键，在弹出的快捷菜单中选择"新建 DeviceNet Device"，如图 4-23 所示。

图 4-23 新建 DeviceNet Device

在弹出的"实例编辑器"窗口下面，设定标准 I/O 板的相关参数。"使用来自模板的值"项选择 DSQC 651 Combi I/O device，Name 可自行设置，这里设置为"board10"，Adress 设置为 10，设置完成后单击"确定"，如图 4-24 所示。

此时，会弹出如图 4-25 所示窗口，再次单击"确定"。暂时先不重启控制器，待所有信号配置完成以后，再重启控制器。

接下来根据项目要求添加相关信号。

首先，添加模拟量信号。弧焊工作站常用的模拟量信号有模拟输出电压信号和模拟输出电流信号。添加模拟量信号的操作步骤如下：

在"类型"窗口下找到"Signal"，在其上点击鼠标右键，在弹出的快捷菜单下选择"新建 Signal"命令，如图 4-26 所示。

在弹出的实例编辑器窗口下，设置模拟输出电压信号相关参数，如图 4-27 所示。由于是模拟量输出信号，在 Type of Signal 下拉框中选择 Analog Output，并且地址需选择连续

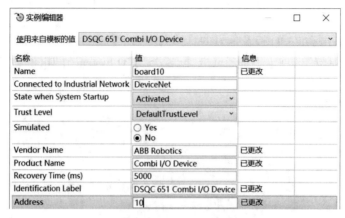

图 4-24　标准 I/O 板设置

图 4-25　提示重启控制器

图 4-26　新建 Signal

的一段地址，这里设置为 16 位数据，Device Mapping 设置为 0~15，Maximum Logical Value 设置为 40.2 V，设置完成后单击"确定"按钮。

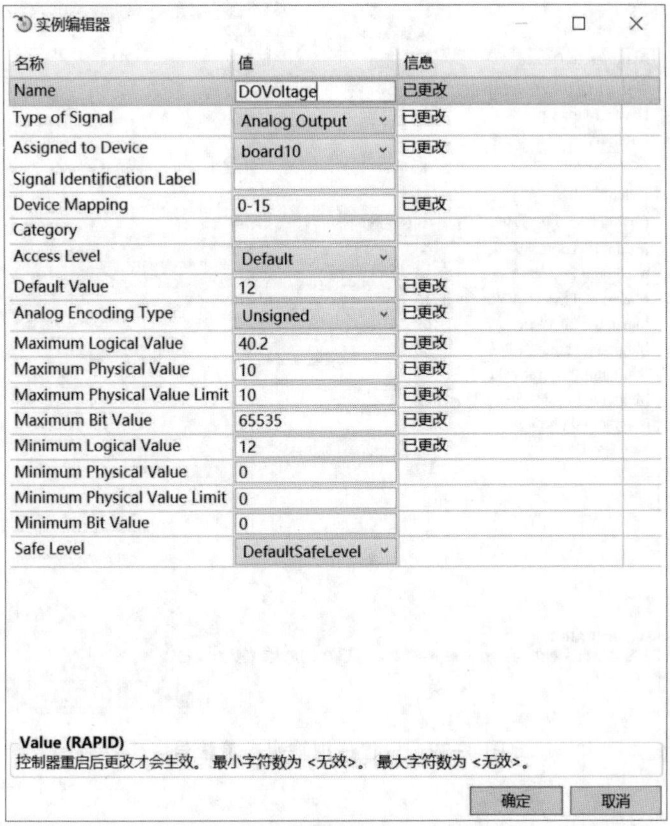

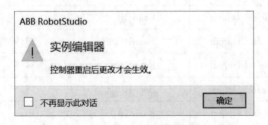

图 4-27 设置模拟输出电压信号

点击"确定"以后，会弹出如图 4-28 所示窗口，再次单击"确定"。

图 4-28 提示重启控制器

然后以同样的方式，新建一个模拟电流输出信号，相关参数的设置，如图 4-29 所示。由于是模拟量输出信号，同样在 Type of Signal 中下拉框中选择 Analog Output，Device Mapping 设置为 16~31，Maximum Logical Value 设置为 400 A，设置完成后单击"确定"按钮。

图 4-29 设置模拟输出电流信号

接着，添加数字量信号。根据项目要求设置如表 4-13 所示的 6 个数字量信号。

表 4-13 I/O 信号参数

Name	Type of Signal	Assigned to device	Device Mapping	信号注释
DO00gas_on	Digital Output	Board10	32	开保护气信号
DO01weld_on	Digital Output	Board10	33	启动焊接信号
DO02feed_on	Digital Output	Board10	34	送丝信号
DO03wash_gun	Digital Output	Board10	35	清渣信号
DO04spary_gun	Digital Output	Board10	36	喷雾信号
DO05feed_cut	Digital Output	Board10	37	剪丝信号

添加数字量信号的操作与添加模拟量信号的操作类似。在"控制器"选项卡下面，点击"配置">"I/O System"，在"类型"窗口下找到"Signal"，在其上点击鼠标右键，在弹出的快捷菜单下选择"新建 Signal"命令。按照表 4-13 中的参数对信号 DO00gas_on 进行设置，如图 4-30 所示。

图 4-30　设置开保护气信号 DO00gas_on

点击"确定"以后，会弹出如图 4-31 所示窗口，再次单击"确定"。

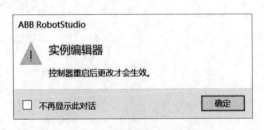

图 4-31　提示重启控制器

以同样的方式，新建其余 5 个数字输出信号，并按照表 4-13 设置相关参数，如图 4-32 所示。

配置好 I/O 信号板及信号以后，重启控制器。在"控制器"选项卡下面，点击"重启"按钮，选择"重启动（热启动）"，如图 4-33 所示。

弹出重启动（热启动）对话框，点击"确定"，如图 4-34 所示。控制器自动完成重启动过程。

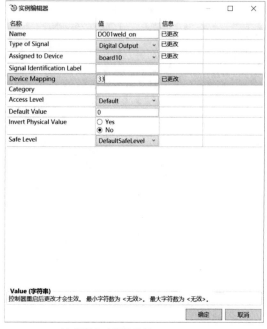

(a) 设置启动焊接信号DO01weld_on

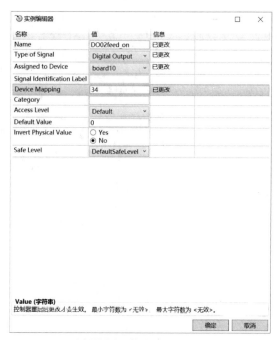

(b) 设置送丝信号DO02feed_on

(c) 设置清渣信号DO03wash_gun

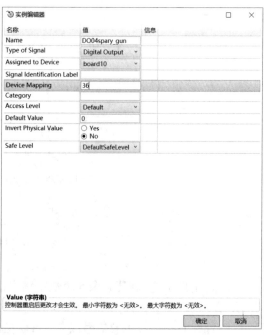

(d) 设置喷雾信号DO04spary_gun

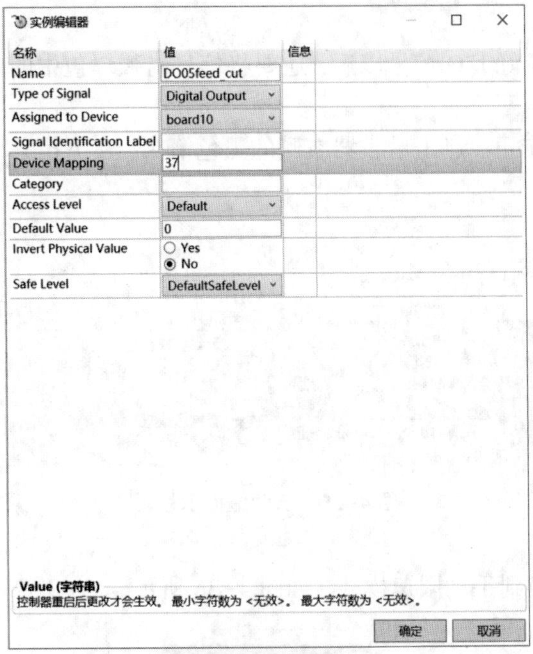

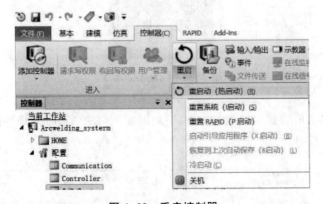

（e）设置剪丝信号DO05feed_cut

图 4-32　设置数字输出信号

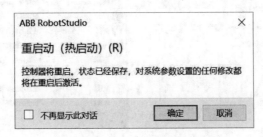

图 4-33　重启控制器

图 4-34　确定重启控制器

（3）信号关联

根据项目要求设置好 I/O 信号以后，还要将信号与弧焊包中的变量关联起来。信号关联的具体操作如下：

在"控制器"选项卡下，点击示教器右侧的黑色箭头，在下拉菜单中选择启动虚拟示教器，如图 4-35 所示。

图 4-35　启动虚拟示教器

先将工作模式切换到手动限速模式，如图 4-36 所示。

图 4-36　切换手动模式

然后，点击左上角的菜单按钮，选择"控制面板"，在"控制面板"界面中单击"配置系统参数"，如图 4-37 所示。

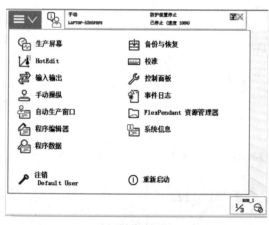

（a）选择控制面板

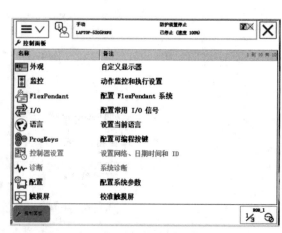

（b）选择配置系统参数

图 4-37　控制面板下选择配置系统参数

在弹出来的界面下选择"主题"，然后点击"Process"，如图 4-38 所示。

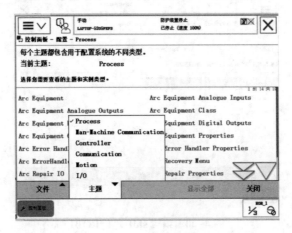

图 4-38　选择主题

在 Process 界面中找到"Arc Equipment Analogue Outputs"，然后选择右下角"显示全部"，如图 4-39 所示。

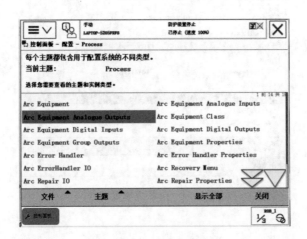

图 4-39　选择模拟量输出

接下来进行模拟量信号关联。单击 stdIO_T_ROB1，选择左下角"编辑"，进行信号关联，如图 4-40 所示。

在弹出来的列表中，依次将弧焊软件中参数 VoltReference 与 DOVoltage 信号，软件中参数 CurrentReference 与 DOCurrent 信号关联起来，如图 4-41 所示。

信号关联后，点击"确定"按钮，会弹出重新启动对话框，询问"是否现在重新启动？"，点击"否"，待所有信号关联以后一次性重新启动，如图 4-42 所示。

退回至"主题"选择界面，在界面中找到"Arc Equipment Digital Outputs"，然后选择右下角"显示全部"，如图 4-43 所示。

接下来进行数字量关联。同样，单击 stdIO_T_ROB1，选择左下角"编辑"，进行信号关联，如图 4-44 所示。

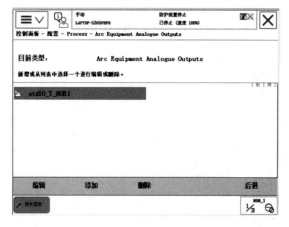

图 4-40 编辑 stdIO_T_ROB1

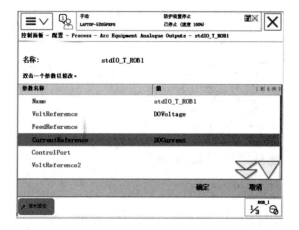

图 4-41 关联模拟量信号

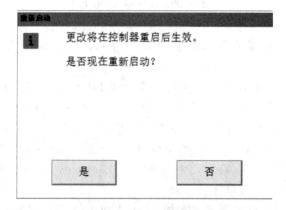

图 4-42 提示重启控制器

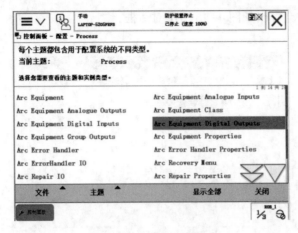

图 4-43　选择数字量输出

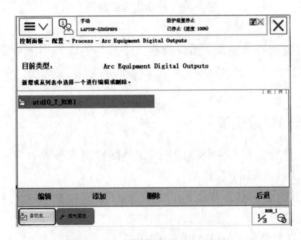

图 4-44　编辑 **stdIO_T_ROB1**

在弹出来的窗口中，依次将弧焊软件中参数 GasOn 与 DO00gas_on 信号，参数 WeldOn 与 DO01weld_on 信号，参数 FeedOn 与 DO02feed_on 信号关联起来，如图 4-45 所示。

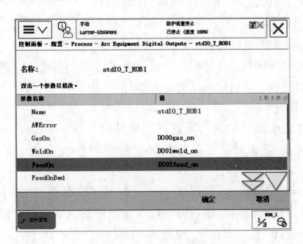

图 4-45　关联数字量信号

设置完成以后，会弹出如图 4-46 所示对话框，

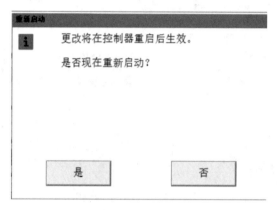

图 4-46　提示重启控制器

点击"是"，重启控制器。至此，弧焊机器人系统与弧焊常用信号创建完成。

【练一练】打开任务 1 完成的工作站，创建弧焊机器人系统，创建弧焊信号并进行关联。

4.5.3　任务3　弧焊参数配置

本任务将完成工具数据和工件坐标的创建，并配置弧焊参数。

(1) 工具数据与工件坐标的创建

本项目中使用的焊枪是 ABB 模型库中的工具模型，其工具参数如工具的 TCP、惯量、质量等均已经设定好，只需要把工具参数同步至 RAPID，即可将工具参数加载到虚拟控制器，具体操作步骤如下：

图 4-47　同步到 RAPID

选择"基本"选项卡，点击"同步"＞"同步到RAPID"，如图 4-47 所示。

在弹出的同步到 RAPID 对话框中，勾选"工具数据"和"tWeldGun"，如图 4-48 所示，单击"确定"按钮，即可将工具数据同步到 RAPID。

运用三点法创建工件坐标，具体操作步骤参考 2.5.3 节任务 3。将工件坐标建立在定位和安装待焊工件的底板上，创建的工件坐标如图 4-49 所示。

(2) 弧焊参数的创建与配置

在创建弧焊程序之前需要创建与配置焊接相关的参数 welddata、seamdata、weavedata，注意在此之前，需要先完成 I/O 信号与弧焊软件中的参数关联。下面对具体操作进行说明。

首先，对焊接参数进行设置。如图 4-50 所示，在"控制器"选项卡下，点击示教器右侧的黑色箭头，打开虚拟示教器。然后将虚拟控制器切换至手动限速模式。

单击菜单按钮，选择"程序数据"，如图 4-51 所示。

图 4-48 选择同步工具数据

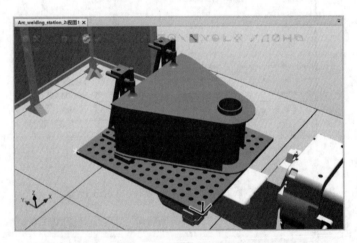

图 4-49 创建工件坐标

图 4-50 打开虚拟示教器

图 4-51　选择程序数据

然后，点击右下角的"视图"，选择"全部数据类型"，如图 4-52 所示。

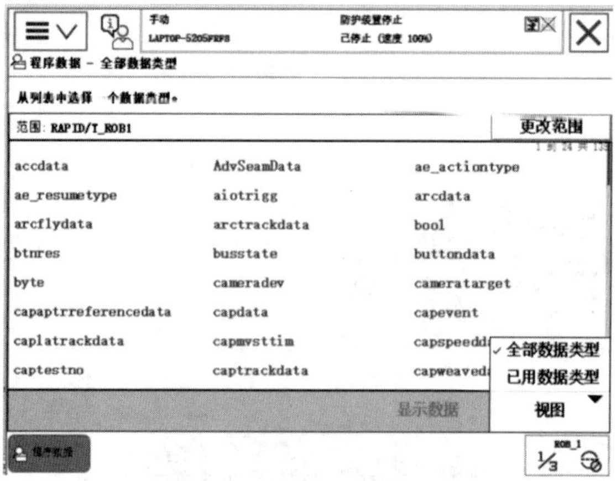

图 4-52　选择全部数据类型

找到并单击 welddata，然后选择"显示数据"，如图 4-53 所示。

图 4-53　选择程序数据 welddata

在弹出来的界面中，选择"新建"，如图 4-54 所示。

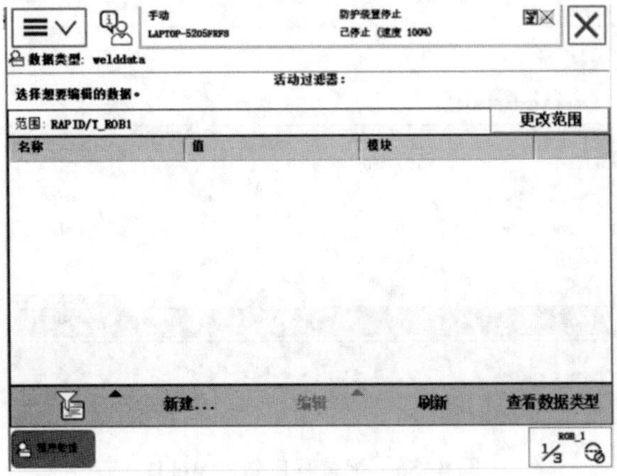

图 4-54 新建 welddata 类型程序数据

如图 4-55 所示，在"新数据声明"界面中，welddata 类型的数据名称默认设置为 weld1，点击左下角"初始值"按钮，进入"编辑"界面。

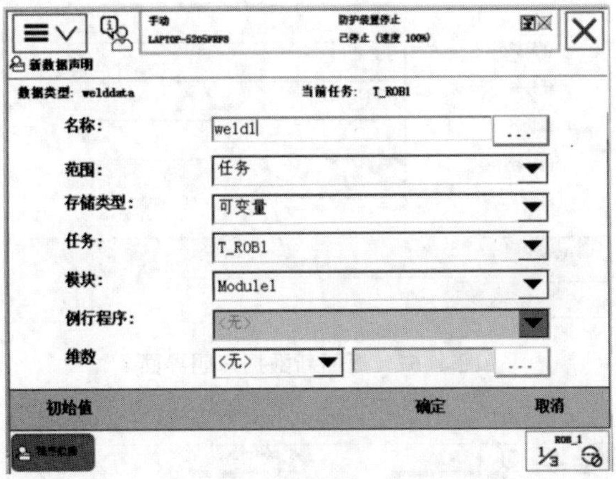

图 4-55 新数据声明

将"weld_speed"设置为 10 mm/s，将"voltage"设置为 35 V，将"current"设置为 300 A，选择"确定"，如图 4-56 所示。

选择"确定"后返回"新数据声明"界面，再次选择"确定"，如图 4-57 所示。

这样就完成了 welddata 数据类型的可变量 weld1 的创建和配置，如图 4-58 所示。

接着对起弧收弧参数进行设置。如前所述起弧收弧参数 seamdata 用于控制焊接前和焊接结束后，吹保护气的时间长度。具体操作如下：

在"程序数据">"全部数据类型"界面下，找到并单击 seamdata，然后选择"显示数据"，如图 4-59 所示。

在弹出来的界面中，选择"新建"，如图 4-60 所示。

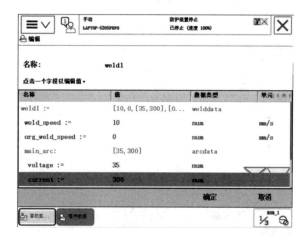

图 4-56 配置程序数据 weld1

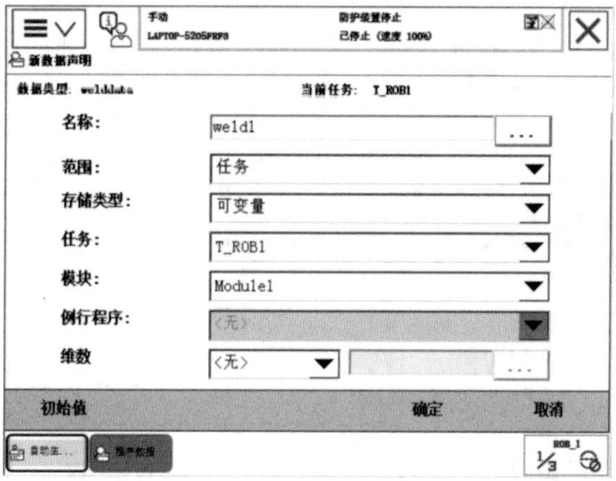

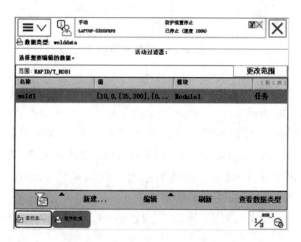

图 4-57 返回新数据声明界面

图 4-58 焊接参数 weld1 创建完成

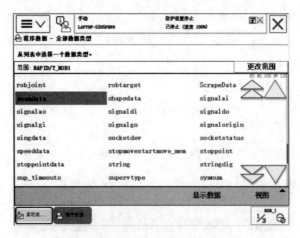

图 4-59　选择程序数据 seamdata

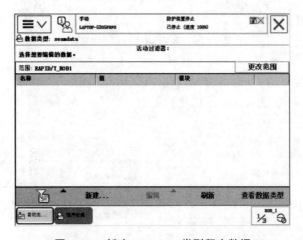

图 4-60　新建 seamdata 类型程序数据

在"新数据声明"界面中，seamdata 类型的数据名称默认设置为 seam1，点击左下角"初始值"按钮，进入"编辑"界面，如图 4-61 所示。

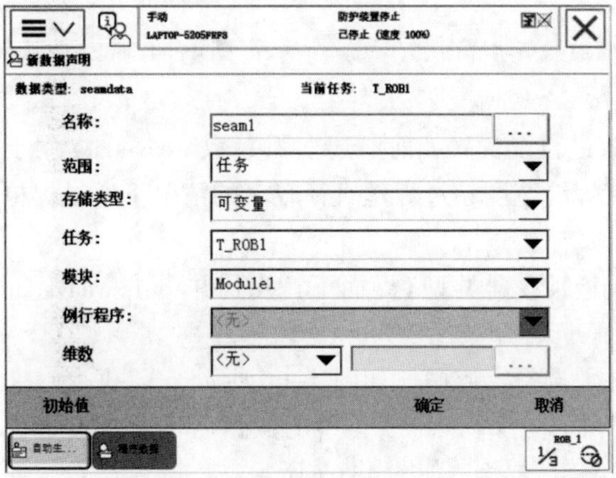

图 4-61　新数据声明

将"purge_time"设置为 2 s，将"preflow_time"设置为 1 s，将"postflow_time"设置为 1 s，将"scrape_start"设置为 0.5 s，选择"确定"，如图 4-62 所示。

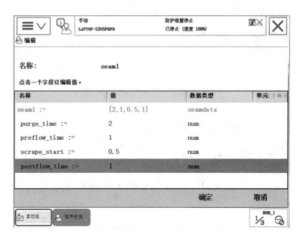

图 4-62　配置程序数据 seam1

选择"确定"后返回"新数据声明"界面，再次选择"确定"，如图 4-63 所示，从而完成 seamdata 数据类型的可变量 seam1 的创建和配置，如图 4-64 所示。

图 4-63　返回新数据声明界面　　　　　图 4-64　起弧收弧参数 seam1 创建完成

接下来对摆弧参数进行设置。如前所述摆弧参数 weavedata 用于控制机器人焊接过程中焊枪的摆动，用于在焊缝宽度超过焊丝直径较多的情况下通过焊枪摆动来更充分地填充焊缝。具体操作如下：

在"程序数据">"全部数据类型"界面下，找到并单击 weavedata，然后选择"显示数据"，如图 4-65 所示。

在弹出来的界面中，选择"新建"，如图 4-66 所示。

在"新数据声明"界面中，weavedata 类型的数据名称默认设置为 weave1，点击左下角"初始值"按钮，进入"编辑"界面，如图 4-67 所示。

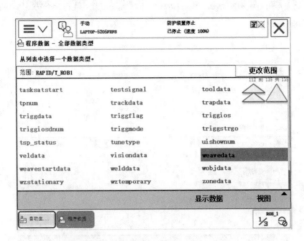

图 4-65　选择程序数据 weavedata

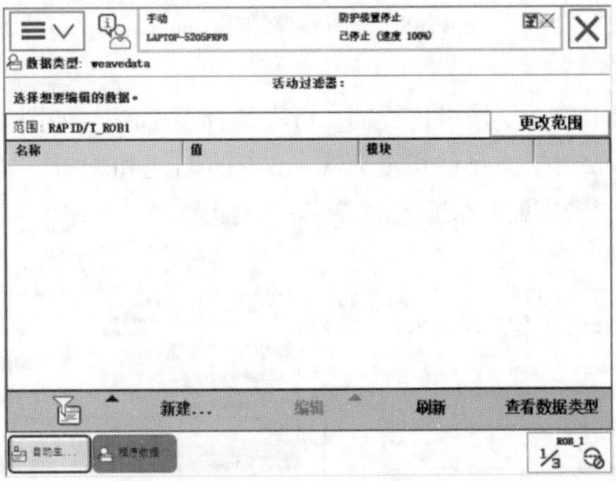

图 4-66　新建 weavedata 类型程序数据

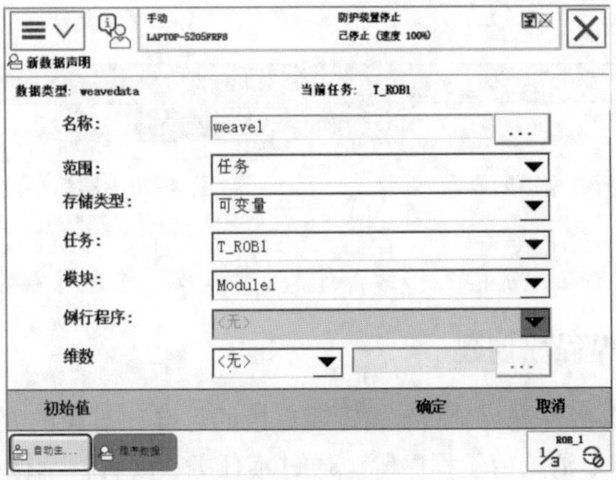

图 4-67　新数据声明

本项目无需焊枪摆动，故将"weave_shape"设置为0，其余参数也都设置为0，然后选择"确定"，如图4-68所示。

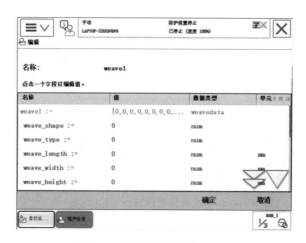

图 4-68　配置程序数据 weave1

选择"确定"后返回"新数据声明"界面，再次选择"确定"，如图4-69所示。

从而完成 weavedata 数据类型的可变量 weave1 的创建和配置，如图4-70所示。请注意在实际中，弧焊参数应根据实际工艺的要求进行配置。

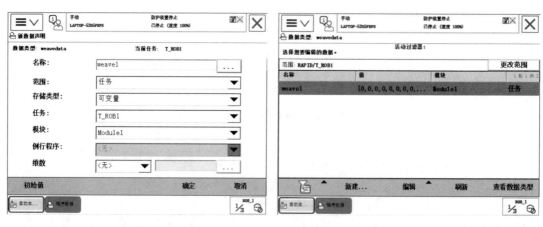

图 4-69　返回新数据声明界面　　　　　　图 4-70　摆弧参数 weave1 创建完成

【练一练】打开任务2完成的工作站，创建工件坐标，并进行弧焊参数配置。

4.5.4　任务4　弧焊程序创建

本任务首先对待焊接件进行分析，确定要焊接的焊缝和对应的变位机姿态，然后创建弧焊程序、变位机程序、清枪剪丝程序等。通过本任务，读者将掌握机器人弧焊程序创建的方法及流程。

（1）焊接分析

编程之前，首先应进行焊接分析。本项目的待焊件为对称结构的箱型构件，由顶板、底板、两块侧板以及套筒组成。本任务将完成焊缝 1、焊缝 2、焊缝 3、焊缝 4 和焊缝 5 的焊接，焊缝位置详见图 4-71。

通过调节两轴变位机使构件到达不同的位置，以便于对各条焊缝实施焊接。变位机轴角度与焊缝的对应如表 4-14 所示。

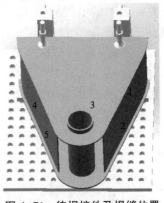

图 4-71 待焊接件及焊缝位置

表 4-14 变位机轴角度与焊缝的对应

变位机轴角度/(°)		焊接焊缝
倾斜轴	回转轴	
0	-90	2、5、3
-135	0	1
45	0	4

对焊缝 2、焊缝 5 和焊缝 3 实施焊接时，变位机倾斜轴的角度为 0°，回转轴的角度为 -90°，待焊件安装于变位机上如图 4-72 所示。

对焊缝 1 实施焊接时，变位机倾斜轴角度为 -135°，回转轴角度为 0°，如图 4-73 所示。

 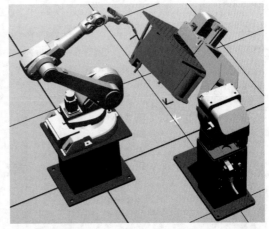

图 4-72 焊接姿态 1：变位机倾斜轴 0°、回转轴 -90° 图 4-73 焊接姿态 2：变位机倾斜轴 -135°、回转轴 0°

对焊缝 4 实施焊接时，变位机倾斜轴角度为 45°，回转轴角度为 0°，如图 4-74 所示。

焊接一段时间以后，焊枪内部会产生焊渣。当焊渣过多时，会影响焊接质量，因此机器人需要定时清洁焊枪内部的焊渣。
清枪剪丝装置一般包含焊渣清洁装
置、喷雾装置、焊丝剪切装置，机器
人具有清焊渣、喷雾和剪丝的动作，
因此机器人程序中包含机器人清焊
渣、喷雾和剪丝的运动程序。清焊
渣、喷雾和剪丝动作的具体说明
如下：

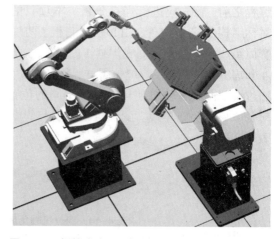

清焊渣是由自动焊渣清洁装置带
动顶端的尖头旋转，对焊枪上的焊渣
进行清洁处理。

喷雾是指对清完焊渣的焊枪头部
分进行喷雾，防止焊接过程中焊渣和
飞溅物粘连到导电嘴上。

图 4-74　焊接姿态 3：变位机倾斜轴 45°、回转轴 0°

剪丝是将焊丝自动修剪至合适长度。

（2）变位机激活

激活变位机有两种方式：一种方式是在"仿真"选项卡下的"激活机械装置单元"控件
中，选中变位机机械装置将其激活；另一种方式是使用 ActUnit 指令激活机械装置。

方式 1：在"仿真"选项卡下，选择"激活机械装置单
元"，在"当前机械单元"面板中选择 STN1，如图 4-75
所示。变位机激活以后，示教编程可同时记录机器人和
变位机的位置姿态信息。

方式 2：使用 ActUnit 指令激活机械装置，具体方法
如下：

打开虚拟示教器，在手动限速模式下，先选择"手动
操纵"，再选择"机械单元"，如图 4-76 所示。变位机
STN1 的状态为"已停止"，如图 4-77 所示。

图 4-75　激活机械单元

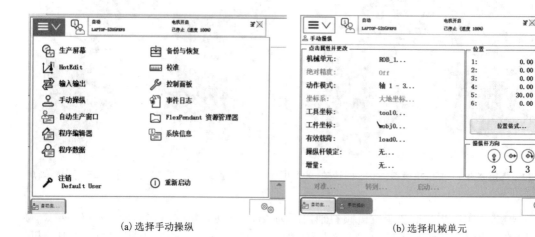

(a) 选择手动操纵

(b) 选择机械单元

图 4-76　查看机械单元状态

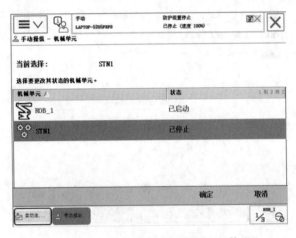

图 4-77　变位机 STN1 的状态为"已停止"

接下来，创建激活变位机程序，让变位机启动。选择"程序编辑器"，再选择"文件">"新建模块"，如图 4-78 所示。

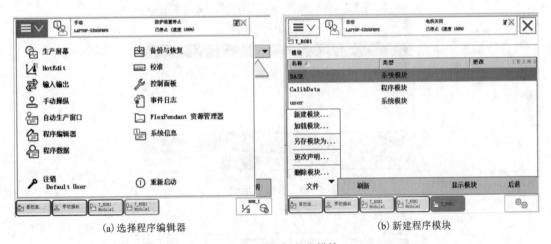

(a) 选择程序编辑器　　　　　　　(b) 新建程序模块

图 4-78　添加程序模块

进入"新模块"界面，单击"名称"右侧的 ABC 按钮，将模块命名为 MainModule，如图 4-79 所示，点击"确定"。

点击"确定"以后，返回上一窗口，如图 4-80 所示。选中 MainModule，点击"显示模块"。

所添加的 MainModule 模块如图 4-81 所示。

然后，点击右上角"例行程序"，进入"例行程序"窗口。选择左下角"文件">"新建例行程序"，如图 4-82 所示。

进入"新例行程序"窗口，修改例行程序的名称为 rActunit，其他设置如图 4-83 所示。然后，点击"确定"，在"例行程序"窗口中选中 rActunit( )，点击"显示例行程序"，如图 4-84 所示。

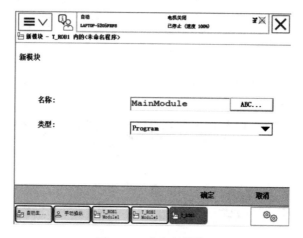

图 4-79　命名新模块

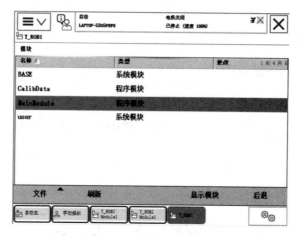

图 4-80　选择显示模块

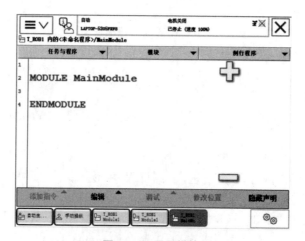

图 4-81　显示模块

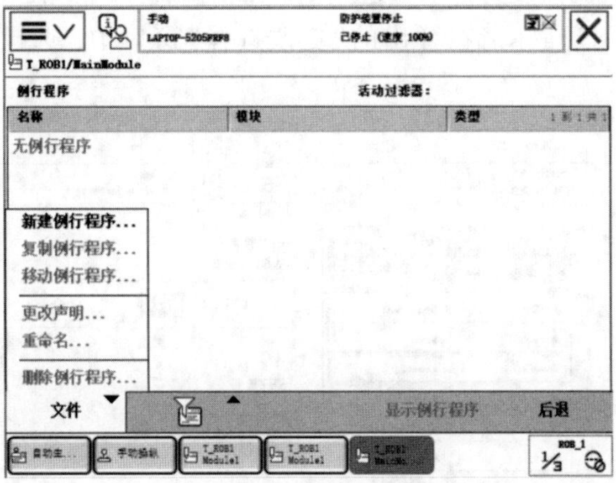

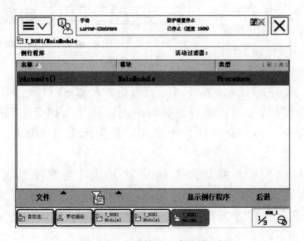

图 4-82　新建例行程序

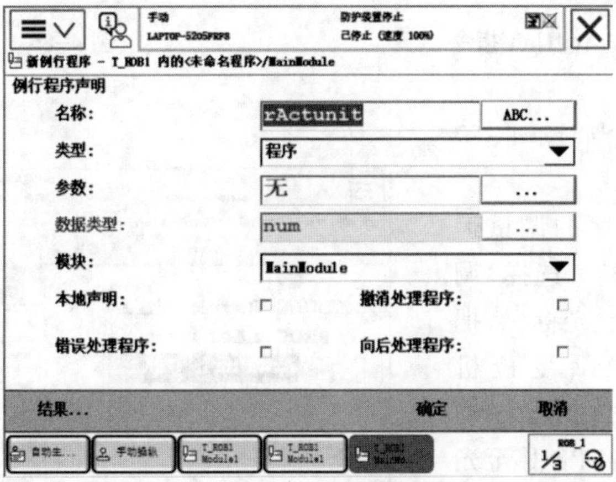

图 4-83　新建例行程序

图 4-84　选择显示例行程序

接下来，添加激活机械装置指令。选择左下角"添加指令"，在 Motion&Proc. 指令集中选择 ActUnit，如图 4-85 所示。在弹出的"更改选择"窗口中，选择 STN1，然后点击"确定"，如图 4-86 所示。

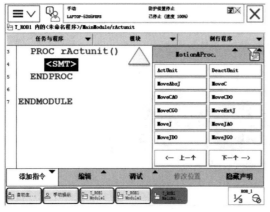

图 4-85 添加 AcitUnit 指令

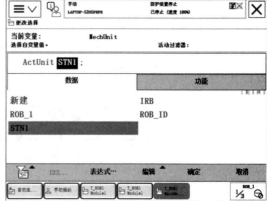

图 4-86 更改选择

新建的程序指令如图 4-87 所示。

接下来，进行程序的调试运行，实现变位机的启动。选择"调试"，再选择"PP 移至光标"，把运行指针移动至激活变位机 ActUnit STN1 命令行，如图 4-88 所示。如果提示无法将 PP 移至光标处，则需要选择"PP 移动至例行程序"，先将运行指针移动至例行程序 rActUnit，然后再移动至光标处。单击"Enable"使能按钮使电机上电，接着点击运行按钮，此时将从光标处开始执行该例行程序。

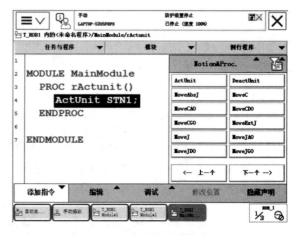

图 4-87 新建程序指令

运行以后，在如图 4-89 所示的窗口中，查看机械装置 SNT1 变位机是否已经启动。

在变位机激活的状态下，示教编程能够同时记录机器人和变位机的位置、姿态信息。如果在程序运行过程中，提示某点"缺少外轴值"，则应该激活变位机，重新示教该点。

（3）碰撞监控

在机器人的弧焊应用中，机器人工具的尖端应当与工件表面保持适当的距离。RobotStudio 软件具有用来检测是否发生碰撞的"碰撞监控"功能。打开机器人的"碰撞监控"功能后能够清楚看到机器人工具与工件是否发生碰撞，从而方便编程。使用"碰撞监控"的具体操作步骤如下：

切换至"仿真"选项卡下，点击"创建碰撞监控"，如图 4-90 所示。

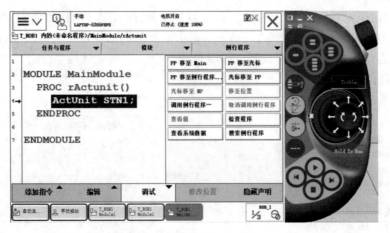

图 4-88　PP 移至光标

图 4-89　STN1 完成启动

用鼠标左键选择焊枪模型 Binzel_water_22，将其拖至 ObjectA，另外用鼠标左键选中模型 boom，将其拖到 ObjectB，如图 4-91 所示。

图 4-90　创建碰撞监控

图 4-91　设定用于碰撞检测的零部件

在"碰撞检测设定_1"上点击鼠标右键，在弹出的快捷菜单中选择"修改碰撞监控"，如

图 4-92 所示。

在"修改碰撞设置"面板中,勾选"启动"以启动碰撞检测,将"接近丢失"设置为 1 mm,当焊枪端部 TCP 与工件之间距离小于 1 mm 时会显示黄色来提示。当焊枪端部与工件发生碰撞时,会显示碰撞颜色,这里设置碰撞颜色为红色。设置完成后,点击"应用",然后单击"关闭",如图 4-93 所示。

图 4-92　修改碰撞监控

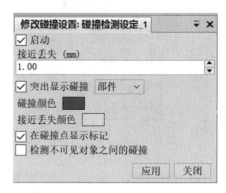

图 4-93　修改碰撞设置

(4)焊接程序的规划

通过焊接分析,本项目根据工作要求,规划了初始化程序、变位机变位程序、弧焊程序和清枪剪丝程序 4 类。

初始化程序主要对控制信号进行初始化,以及对机器人的起始位置、运行速度、加速度进行设置。

变位机变位程序用来控制变位机带着工件运动至所需的焊接姿态。本项目创建 4 个变位机变位程序 rpositionp0p90、rpositionp135p0、rpositionp45p0 和 rpositionp0p0。rpositionp0p90 用于将变位机的倾斜轴角度调节至 0°,回转轴角度调节到 -90°,变位机带着工件运动至焊接姿态 1。rpositionp135p0 用于将变位机的倾斜轴角度调节至 -135°,回转轴角度调节至 0°,变位机带着工件运动至焊接姿态 2。rpositionp45p0 用于将变位机的倾斜轴角度调节至 45°,回转轴角度调节至 0°,变位机带着工件运动至焊接姿态 3。rpositionp0p0 用于焊接结束后让机器人回到安全点,变位机回到机械原点并停止变位机。

弧焊程序用来完成机器人弧焊工作。根据项目要求,对应于变位机 3 个焊接姿态,创建 3 个弧焊程序 rweld1、rweld2 和 rweld3。

清枪剪丝程序用来控制机器人移动焊枪至清枪剪丝装置,对焊枪进行维护清理和焊丝修剪,创建清枪剪丝程序 rclean。

综上所述,项目规划的各类程序名称及作用如表 4-15 所示。

表 4-15   项目规划程序

程序名称	作用
rinit	初始化
rpositionp0p90、rpositionp135p0、rpositionp45p0、rpositionp0p0	变位机复位与变位
rweld1、rweld2、rweld3	rweld1 用于焊接焊缝 2、5、3，rweld2 用于焊接焊缝 1，rweld2 用于焊接焊缝 4
rclean	机器人清枪剪丝运动

（5）焊接程序的创建

①创建初始化程序

新建例行程序 rinit，方法与创建例行程序 rActUnit 相同。在例行程序 rinit 中，依次对机器人的加速度、速度、位置以及 I/O 信号进行初始化。

首先，设置机器人的加速度。选择"添加指令"，选择"Settings">"AccSet"，设置机器人的加速度和加速度坡度均为 100%，如图 4-94 所示。第 1 个"100"表示将机器人运动加速度限制在正常值的 100%，第 2 个"100"表示将机器人运动加速度斜面限制在正常值的 100%，具体参数值可根据实际需要进行修改。

接着，设置机器人的速度。继续"添加指令"，选择"Settings">"VelSet"，设置机器人的运动速度和最大运动速度，如图 4-95 所示。"100"表示将所有编程速率设置为指令中数值的 100%，"5000"表示机器人最大 TCP 速率不超过 5000 mm/s。同理，具体参数值可根据实际需要进行修改。

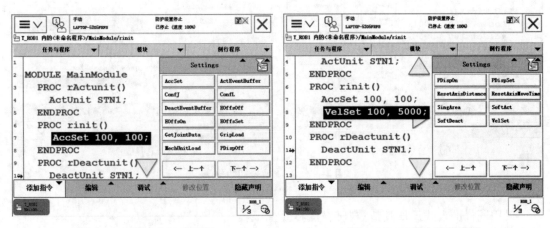

图 4-94   机器人加速度设置   图 4-95   机器人速度设置

然后，初始化机器人的位置。调节变位机回到机械原点，接着调整机器人。将机器人移动至合适位置，保证变位机带动工件运转过程中不与机器人发生碰撞，并将该位置作为机器人运行的安全点位置，如图 4-96 所示。

接着，点击"添加指令"，选择"Common">"MoveJ"，插入机器人回安全点的运动指令。

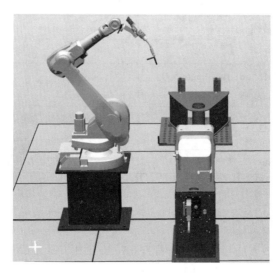

图 4-96 安全点位置

MoveJ pHome, v500, fine, tWeldGun;

接着，对 I/O 信号进行初始化。如图 4-97 所示，点击左下角"添加指令"，选择 I/O 指令集，再添加复位指令 Reset DO00gas_on。

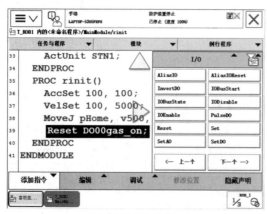

(a) 添加复位指令

(b) 选择信号

图 4-97 I/O 信号初始化

采用同样的方式添加其他控制信号的复位指令。

Reset DO01weld_on;

Reset DO02feed_on;

Reset DO03wash_gun;

Reset DO04spary_gun;

Reset DO05feed_on;

至此，初始化程序创建完成，如图 4-98。

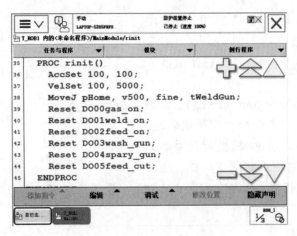

图 4-98　初始化程序

②创建变位机程序

通过焊接分析和规划可知，焊接中需由变位机变换工件至不同的姿态，因此要创建表 4-15 中的 4 个变位机程序。在创建变位机程序前，先将工件坐标 Wobjweld 和工具数据 tWeldGun 同步至控制器，如图 4-99 所示。

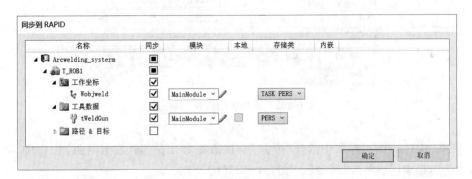

图 4-99　同步工件坐标和工具数据

然后，在"手动操纵"面板中，将工具坐标设置为 tWeldGun，工件坐标设置为 Wobjweld，如图 4-100 所示。

变位机程序分为变位机变位与复位两类，变位机工作流程如图 4-101 所示。

接下来，先创建变位机变位程序 rpositionp0p90。初始化后，机器人位于安全点，接着将调用 rpositionp0p90 程序，将工件变换

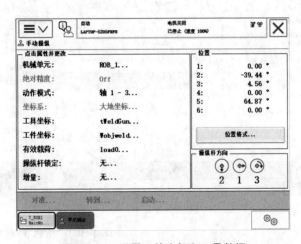

图 4-100　设置工件坐标和工具数据

至焊接姿态 1。因此，变位机变位程序 rpositionp0p90 中省略机器人回安全点。如果单独运行 rpositionp0p90 时，要注意让机器人先回安全点。

插入变位机激活指令 ActUnit STN1，如果变位机未启动，应运行该指令让变位机启动，方法同前，不再赘述。通过"机械装置手动关节"，将变位机的倾斜轴角度调节至 0°，回转

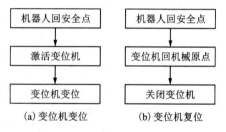

图 4-101　变位机工作流程

轴角度调节到-90°，机器人保持在安全点。然后，添加指令 MoveJ，选择并单击"＊"，如图 4-102 所示。

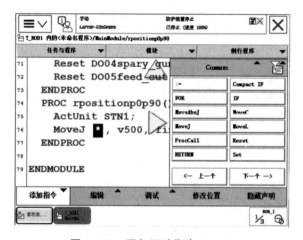

图 4-102　添加运动指令 MoveJ

在图 4-103(a)所示界面中选择"新建"，接着在弹出的"新数据声明"窗口中，将"名称"修改为"pose01"，单击"确定"，如图 4-103(b)所示。

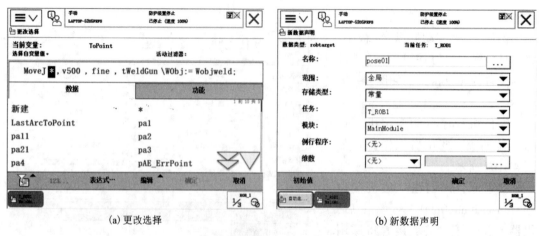

(a) 更改选择　　　　　　　　　　　　　(b) 新数据声明

图 4-103　新建 pose01

创建的变位机变位程序 rpositionp0p90 如下：

PROC rpositionp0p90( )

　　ActUnit STN1；

　　MoveJ pose01，v500，fine，tWeldGun\WObj：=Wobjweld；

ENDPROC

接下来，创建变位机变位程序 rpositionp135p0。先点击"添加指令"，选择"Common">"MoveJ"，插入机器人回 pHome 安全点的运动指令。接着，插入变位机激活指令 ActUnit STN1。然后，通过"机械装置手动关节"，将变位机的倾斜轴角度调节至−135°，回转轴角度调节至0°，机器人位于安全点。再添加指令 MoveJ，新建目标点，并在"新数据声明"窗口中，将"名称"修改为"pose02"。创建的变位机变位程序 rpositionp135p0 如下：

PROC rpositionp135p0( )

　　MoveJ pHome，v500，fine，tWeldGun；

　　ActUnit STN1；

　　MoveJ pose02，v500，fine，tWeldGun\WObj：=Wobjweld；

ENDPROC

接着，创建变位机变位程序 rpositionp45p0。先点击"添加指令"，选择"Common">"MoveJ"，插入机器人回 pHome 安全点的运动指令。接着，插入变位机激活指令 ActUnit STN1。然后，通过"机械装置手动关节"，将变位机的倾斜轴角度调节至45°，回转轴角度调节到0°，机器人位于安全点。再添加指令 MoveJ，新建目标点，并在"新数据声明"窗口中，将"名称"修改为"pose03"。创建的变位机变位程序 rpositionp45p0 如下：

PROC rpositionp45p0( )

　　MoveJ pHome，v500，fine，tWeldGun；

　　ActUnit STN1；

　　MoveJ pose03，v500，fine，tWeldGun\WObj：=Wobjweld；

ENDPROC

最后，创建变位机复位程序 rpositionp0p0。某姿态下的焊接工作完成以后，机器人先回当前焊接姿态下的安全位置 pose0x(x=1,2,3)，该步骤放在对应姿态的焊接程序中。待机器人到位后，变位机再回机械原点。通过"机械装置手动关节"，将变位机的倾斜轴和回转轴角度都调节至0°，机器人在安全点，然后添加指令 MoveJ，新建目标点，并在"新数据声明"窗口中，将"名称"修改为"pose00"。最后，插入变位机指令 DeactUnit STN1。创建的变位机复位程序 rpositionp0p0 如下：

PROC rpositionp0p0( )

　　MoveJ pose00，v500，fine，tWeldGun\WObj：=Wobjweld；

　　DeactUnit STN1；

ENDPROC

③弧焊程序创建

在创建弧焊程序时，要用到弧焊指令和弧焊参数。下面以图 4-72 所示焊接姿态1下的焊缝2、焊缝5、焊缝3为例进行讲解，创建弧焊程序 rweld1 实现焊缝2、焊缝5、焊缝3的焊接。

首先，新建例行程序。在"例行程序"面板中，选择"文件">"新建例行程序"，将程序名称设置为 rweld1，如图 4-104 所示。

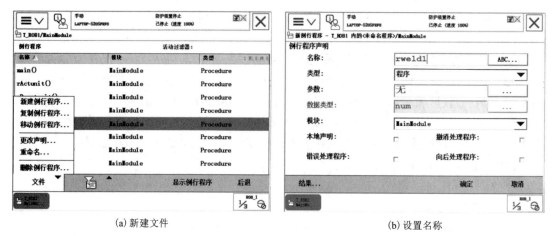

(a) 新建文件   (b) 设置名称

图 4-104　新建例行程序

接着，调用变位机变位程序。选择"添加指令"，在 Prog. Flow 指令集中选择 ProcCall，再在"子程序调用"界面中选择 rpositionp0p90，如图 4-105 所示。

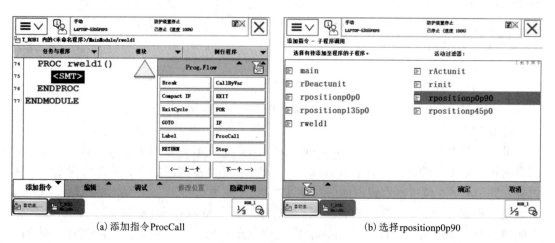

(a) 添加指令ProcCall   (b) 选择rpositionp0p90

图 4-105　调用变位机程序

然后，运行变位机变位程序，使变位机调整至第 1 种焊接姿态。接着，依次对焊缝 2、焊缝 5 和焊缝 3 实施焊接编程。调整焊枪到焊缝 2 的焊接起始接近位置，如图 4-106 所示。

创建 MoveJ 指令，将该点名称设置为 pApproach，并记录位置。创建的指令为：

MoveJ pApproach, v500, fine, tWeldGun\WObj：=Wobjweld；

为了避免焊枪在靠近 pApproach 点时与构件发生碰撞，可在机器人靠近 pApproach 的路径中增加过渡点 pAtrans，该点位置如图 4-107 所示。

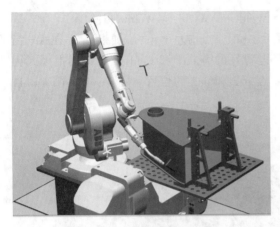

图 4-106　焊接起始接近位置

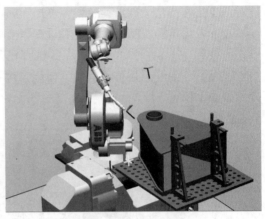

图 4-107　过渡点位置

接着创建 MoveJ 指令，将过渡点名称设置为 pAtrans，并记录位置。创建的指令为：

MoveJ pAtrans，v500，fine，tWeldGun\WObj：=Wobjweld；

焊缝 2 既有圆弧又有直线，需要用到 ArcLStart、ArcC 和 ArcLEnd 指令。选择捕捉方式为"捕捉末端"，将焊枪调至焊缝 2 的焊接起始位置，如图 4-108 所示。

插入焊接开始指令 ArcLStart，起弧点命名为 pa1。点击虚拟示教器左下角"添加指令"，在 Arc 指令集中找到 ArcLStart 并添加，焊接参数选择已经设置好的 seam1 和 weld1，并记录位置，如图 4-109 所示。

图 4-108　焊缝 2 焊接起始位置

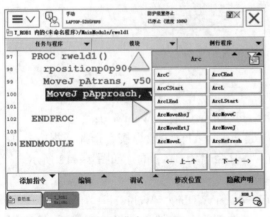

(a) 添加指令 ArcLStart

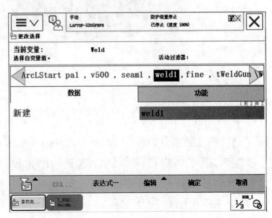

(b) 更改选择

图 4-109　添加起弧指令

所添加的焊接指令为：

ArcLStart pa1，v500，seam1，weld1，fine，tWeldGun\WObj：=Wobjweld；

接下来焊接一段圆弧，要使用圆弧焊接指令 ArcC。点击左下角"添加指令"，在 Arc 指令集中找到 ArcC 并添加，焊接参数选择已经设置好的 seam1 和 weld1。选择捕捉模式为"捕捉边缘"，沿着圆弧移动焊枪，并记录焊接点 pa2 和 pa3 的位置。图 4-110、图 4-111分别为 pa2 和 pa3 位置。

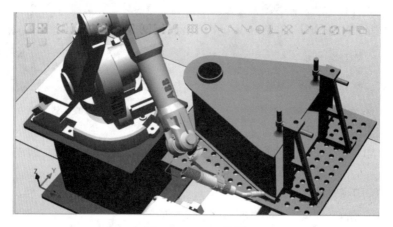

图 4-110　Pa2 位置

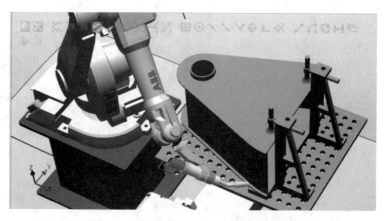

图 4-111　Pa3 位置

所添加的焊接指令为：

ArcC pa2，pa3，v500，seam1，weld1，z1，tWeldGun\WObj：=Wobjweld；

然后，继续添加弧焊指令 ArcLEnd，完成焊缝 2 剩下的直线段焊接。选择捕捉方式为"捕捉末端"，将焊枪调节到焊缝 2 的结束位置，将其命名为 pa4，位置如图 4-112 所示。

所添加的焊接指令为：

ArcLEnd pa4，v500，seam1，weld1，fine，tWeldGun\WObj：=Wobjweld；

实际中根据工艺要求来增加直线焊缝上的示教点数目。焊缝 2 的焊接完成后，设置焊接退出接近点。将焊枪移动至焊缝 2 的上方 pApproach2，如图 4-113 所示。

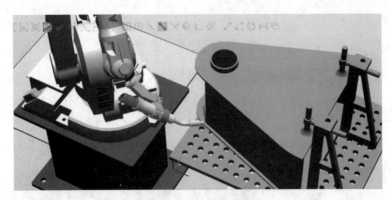

图 4-112　**Pa4 位置**

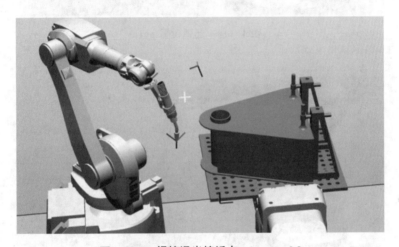

图 4-113　**焊接退出接近点 pApproach2**

退出指令为：

MoveJ pApproach2, v500, fine, tWeldGun\WObj：=Wobjweld；

然后，回安全点位置 pose01，指令为：

MoveJ pose01, v500, fine, tWeldGun\WObj：=Wobjweld；

焊缝 5 也由圆弧与直线段组成，焊接过程和方法参考焊缝 2，不再赘述。

接下来编写焊缝 3 的焊接程序。焊缝 3 为圆弧焊缝，要用到 ArcC、ArcCEnd 指令。圆弧焊接的起始位置如图 4-114 所示。

所添加的焊接指令为：

ArcLStart pc1, v500, seam1, weld1, fine, tWeldGun\WObj：=Wobjweld；

通常，焊接一个圆弧需要使用多个 ArcC 指令。在沿圆弧编程时将捕捉模式设置为"捕捉边缘"，记录焊接点 pc2 和 pc3 的位置。图 4-115 所示为 pc2 位置，图 4-116 所示为 pc3 位置。

所添加的焊接指令为：

ArcC pc2, pc3, v500, seam1, weld1, z1, tWeldGun\WObj：=Wobjweld；

然后，继续添加弧焊指令，完成整个圆弧焊缝的焊接，焊接指令为：

图 4-114　起弧位置 pc1

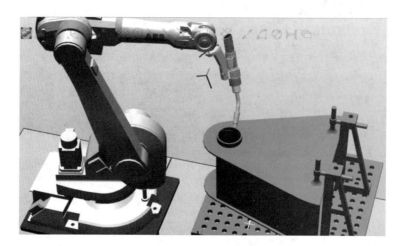

图 4-115　pc2 位置

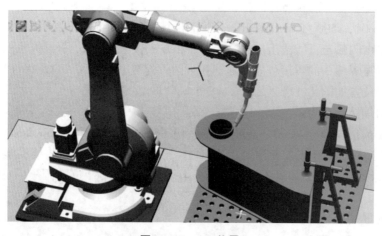

图 4-116　pc3 位置

ArcC pc4，pc5，v500，seam1，weld1，z1，tWeldGun\WObj：=Wobjweld；

ArcCEnd pc6，pc1，v500，seam1，weld1，fine，tWeldGun\WObj：=Wobjweld；

当然，还可以增加圆弧焊缝上的示教点数目，以提高焊接精度。焊缝 3 焊接完成以后，机器人回到安全位置，如图 4-117 所示。

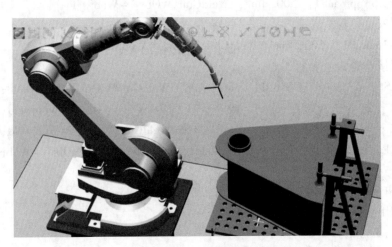

图 4-117　pose01 位置

所添加的运动指令为：

MoveJ pose01，v500，fine，tWeldGun\WObj：=Wobjweld；

然后，变位机回机械原点，调用变位机复位程序 rpositionp0p0。程序 rweld1 创建完成后如下：

PROC rweld1( )

　！变位机变位至第 1 种焊接姿态

　rpositionp0p90；

　！焊枪途经 pAtrans 移动至焊缝 2 焊接起始接近位置 pApproach

　MoveJ pAtrans，v500，fine，tWeldGun\WObj：=Wobjweld；

　MoveJ pApproach，v500，fine，tWeldGun\WObj：=Wobjweld；

　！焊接焊缝 2

　ArcLStart pa1，v500，seam1，weld1，fine，tWeldGun\WObj：=Wobjweld；

　ArcC pa2，pa3，v500，seam1，weld1，z1，tWeldGun\WObj：=Wobjweld；

　ArcLEnd pa4，v500，seam1，weld1，fine，tWeldGun\WObj：=Wobjweld；

　！焊缝 2 焊接结束，焊枪移动至焊接退出接近位置 pApproach2

　MoveJ pApproach2，v500，fine，tWeldGun\WObj：=Wobjweld；

　！回安全位置

　MoveJ pose01，v500，fine，tWeldGun\WObj：=Wobjweld；

　！焊枪移动至焊缝 5 焊接起始接近位置 pApproach3

　MoveJ pApproach3，v500，fine，tWeldGun\WObj：=Wobjweld；

　！焊接焊缝 5

ArcLStart pb1，v500，seam1，weld1，fine，tWeldGun\WObj：=Wobjweld；

ArcC pb2，pb3，v500，seam1，weld1，z1，tWeldGun\WObj：=Wobjweld；

ArcLEnd pb4，v500，seam1，weld1，fine，tWeldGun\WObj：=Wobjweld；

！焊缝 5 焊接结束，焊枪移动至焊接退出接近位置 pApproach4

MoveJ pApproach4，v500，fine，tWeldGun\WObj：=Wobjweld；

！回安全位置

MoveJ pose01，v500，fine，tWeldGun\WObj：=Wobjweld；

！焊接焊缝 3

ArcLStart pc1，v500，seam1，weld1，fine，tWeldGun\WObj：=Wobjweld；

ArcC pc2，pc3，v500，seam1，weld1，z1，tWeldGun\WObj：=Wobjweld；

ArcC pc4，pc5，v500，seam1，weld1，z1，tWeldGun\WObj：=Wobjweld；

ArcCEnd pc6，pc1，v500，seam1，weld1，fine，tWeldGun\WObj：=Wobjweld；

！回安全位置

MoveJ pose01，v500，fine，tWeldGun\WObj：=Wobjweld；

！调用变位机复位程序

rpositionp0p0；

ENDPROC

另外两种焊接姿态下，焊接焊缝 1 和焊缝 4 的过程及方法类似，不再赘述。

④清枪剪丝程序创建

下面创建机器人清枪剪丝程序 rclean，该程序主要是机器人运动程序。机器人先运动到清焊渣目标点上方的 pwashz，然后线性下降，运行至清焊渣的目标点 pwash。通过这种方式，防止机器人在运行过程中与其他设备发生碰撞。程序如下所示：

MoveJ pwashz，v500，z1，tWeldGun\WObj：=Wobjweld；

MoveL pwash，v200，fine，tWeldGun\WObj：=Wobjweld；

到达清焊渣位置后，将清焊渣信号置位，焊渣清洁装置开始运行，清除焊枪上的焊渣。等待焊渣清洁装置运行一段时间以后，将清焊渣信号复位，清焊渣完成。可根据实际需要延长或缩短焊渣清洁装置运行的时间。程序如下：

Set DO03wash_gun；

WaitTime 2；

Reset DO03wash_gun；

清焊渣完成以后，机器人线性移动至 pwashz，程序如下：

MoveL pwashz，v200，z1，tWeldGun\WObj：=Wobjweld；

接下来，机器人先运行到喷雾目标点上方 psparyz，然后线性下降到喷雾目标点 pspary。通过这种方式，防止机器人在运行过程中与其他设备发生碰撞。程序如下：

MoveJ psparyz，v500，z1，tWeldGun\WObj：=Wobjweld；

MoveL pspary，v200，fine，tWeldGun\WObj：=Wobjweld；

到达喷雾位置后，将喷雾信号置位，喷雾装置开始运行。等待喷雾装置运行一段时间以后，将喷雾信号复位，喷雾动作完成。同样，可根据实际需要设置喷雾装置运行的时间。程序如下：

Set DO04spary_gun;

WaitTime 2;

Reset DO04spary_gun;

喷雾动作完成以后，机器人线性移动回到喷雾目标点上方 psparyz，程序如下：

MoveL psparyz, v200, fine, tWeldGun\WObj：=Wobjweld;

接下来，机器人运行至剪丝目标点进行剪丝。机器人先运行到剪丝目标点上方 pcutz，然后线性下降到剪丝目标点 pcut。有时为了防止机器人在运行过程中与其他设备产生干涉，可能还需要增加一些过渡点。程序如下：

MoveJ pcutz, v200, z1, tWeldGun\WObj：=Wobjweld;

MoveL pcut, v200, fine, tWeldGun\WObj：=Wobjweld;

到达剪丝位置后，将剪丝信号置位，焊丝剪切装置开始运行。等待焊丝剪切装置运行一段时间以后，将剪丝信号复位，剪丝动作完成。同理可根据实际需要设置焊丝剪切装置运行的时间。程序如下：

Set DO05feed_cut;

WaitTime 2;

Reset DO05feed_cut;

焊丝剪切完成以后，机器人线性移动回到剪丝目标点上方位置 pcutz，程序如下：

MoveL pcutz, v200, z1, tWeldGun\WObj：=Wobjweld;

至此，整个焊枪维护工作完成，机器人移动至初始点 pHome 位置，继续进行焊接工作。程序如下：

MoveJ pHome,v500,fine,tWeldGun\WObj：=wobj0;

最后，创建主程序调用前面创建的各类子程序，完成整个焊接工作。程序如下：

```
PROC main( )
    rinit;
    rweld1;
    rweld2;
    rweld3;
    rclean;
ENDPROC
```

【练一练】打开任务 3 中完成的工作站，对工件进行焊接分析，并进行焊接编程，创建机器人弧焊程序和清枪剪丝程序，然后进行调试和仿真运行。

要求：机器人焊接轨迹符合项目要求，且在焊接过程中，焊枪不与周边设备和待焊接件发生碰撞。

4.6 项目考评

表 4-16 项目考评表

项目名称		工业机器人弧焊离线编程与仿真			
姓名			日期		
项目要求		本项目围绕工业机器人弧焊应用，以下图所示的工业机器人弧焊仿真工作站的离线编程与仿真为例，加载变位机和工件，创建带变位机的弧焊机器人系统及常用的弧焊信号，配置弧焊参数，进行焊接分析和规划，创建机器人弧焊程序，完成机器人弧焊调试和仿真运行			

序号	考查项目	考查要点	评价结果		
1	知识	1. 工业机器人弧焊工作站的基本组成	□掌握 □初步掌握 □未掌握		
		2. 变位机的分类和作用	□掌握 □初步掌握 □未掌握		
		3. 6 点定位与安装方法	□掌握 □初步掌握 □未掌握		
		4. ABB 标准 I/O 通信及常用弧焊信号配置	□掌握 □初步掌握 □未掌握		
		5. 弧焊常用程序数据与编程指令	□掌握 □初步掌握 □未掌握		
		6. 子例行程序及其调用方法	□掌握 □初步掌握 □未掌握		
2	技能	1. 加载变位机和工件	□优秀 □良好 □一般 □继续努力		
		2. 创建带变位机的弧焊机器人系统，在此基础上创建弧焊信号并进行关联	□优秀 □良好 □一般 □继续努力		
		3. 创建工件坐标系并配置弧焊参数	□优秀 □良好 □一般 □继续努力		
		4. 设置并使用碰撞监控	□优秀 □良好 □一般 □继续努力		
		5. 对工件进行焊接分析和规划，创建焊接程序，调试和仿真运行程序	□优秀 □良好 □一般 □继续努力		
3	素养	1. 爱岗敬业，精益求精	□优秀 □良好 □一般 □继续努力		
		2. 安全意识	□优秀 □良好 □一般 □继续努力		
学习体会					

4.7　项目拓展

匠心筑梦，技能强国。焊接火箭心脏的高凤林，液化天然气船上"缝"钢板的张东伟，追求卓越、奋斗不止的艾爱国，他们用高超的焊接技术创造着一个个奇迹。在焊接领域，管道焊接的难度大，焊接技术要求高。请创建如图 4-118 所示的机器人弧焊仿真工作站，创建带变位机和导轨的弧焊机器人系统，在此基础上创建弧焊信号并进行信号关联，创建工件坐标系并配置弧焊参数。该待焊接的工件为横截面为椭圆的钢管，进行焊接分析和规划，创建焊接程序，完成调试和仿真运行。

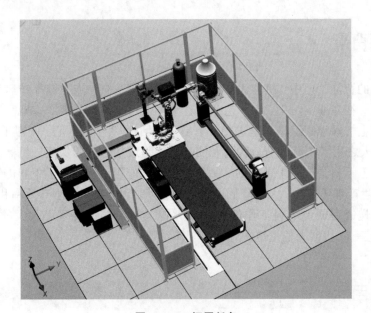

图 4-118　拓展任务

项目 5
工业机器人输送链跟踪上料离线编程与仿真

5.1 项目背景

在现代化的智能工厂中，机器人经常要与周边的输送链、传送带等转运设备相互配合完成工作任务。在专业实习中，大智老师带着小科来到了某企业生产基地。基地中工业机器人在生产线上忙碌地跟踪输送链进行上下料。俗话说："千人同心，则得千人之力；万人异心，则无一人之用。"团队的有效沟通和团结协作是成功的重要保证。机器人配合输送装置的运行进行上下料是工业中常见的一种工业机器人应用。机器人上下料能够满足生产线快速、大批量生产加工节拍，大大降低了工人的劳动强度，提高了生产效率和产量。"机器人如何配合输送链完成上下料工作任务呢？"大智老师看着小科瞪得大大的眼睛笑着说，"那我们来搭建一个机器人输送链跟踪上料工作站吧！"

5.2 学习目标

知识目标：
- 了解工业机器人输送链跟踪上料工作站的基本组成。
- 了解 RobotStudio 中机械装置的种类。
- 掌握常用功能 Reltool 和 CRobt。
- 掌握动作触发指令，巩固常用条件逻辑判断指令。
- 理解并掌握中断的概念。

能力目标：
- 能创建机械装置。
- 能使用 Smart 组件创建动态夹具。
- 能使用常用条件逻辑判断指令编写循环结构的机器人程序。
- 能使用中断指令，编写机器人中断应用程序。
- 能设定工作站逻辑并通过仿真联调进行工艺节拍验证。

素养目标:
- 引导学生思考机器人与输送链的特点,培养爱岗敬业,拼搏进取的工作作风。
- 通过实施分组竞赛,培养沟通交流能力和团结协作精神。

5.3　项目分析

　　本项目将完成工业机器人在某企业生产线的起始端,对输送链上的托盘进行跟踪上料的工作任务。首先,创建工具类型的机械装置——手爪,并创建动态夹具和动态输送链。其次,分析并规划机器人的运行轨迹,进行 I/O 信号配置和机器人离线编程。最后,进行工作站逻辑的设定、仿真调试和运行。机器人根据规划的路径,能抓取垛板上的产品,并将其搬运至输送链起始端的托盘上,产品和托盘沿着输送链运动直至到达下一工位。

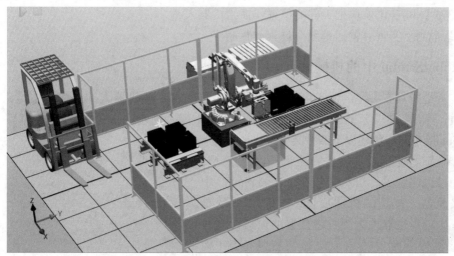

图 5-1　工业机器人输送链跟踪上料仿真工作站

5.4　知识链接

5.4.1　工业机器人输送链跟踪上料工作站的基本组成

　　工业机器人输送链跟踪上料工作站与搬运工作站类似,一般由以下设备组成:
　　(1)搬运机器人,包括工业机器人本体和机器人控制系统。
　　(2)工作站控制系统,用于周边设备及机器人的控制,如 PLC 控制系统。
　　(3)搬运系统,一般由机器人末端执行器(手爪)、气体发生装置、液压发生装置等组成。
　　(4)输送链跟踪系统,用来实现机器人跟随沿输送链移动的工件作业,详见后文。

（5）工作站周边设备，包括工作台、输送装置、料仓等。

（6）安全防护装置，用于将人与机器人安全隔离的装置。

输送链跟踪功能是使工业机器人有能力跟随沿输送链移动的工件作业，其实际是一项位置同步功能。不管输送链是处于运动状态、停止状态或者是反向运动状态，机器人都可以随着工件位置的变化同步执行，而不必考虑输送链的速度。当然输送链上的工件必须位于机器人可到达的范围内。如果机器人在处理前一工件时，下一工件在机器人做好处理准备前，将要离开跟踪启动窗口，则该工件将被放弃，因为工件离开工作范围前，机器人来不及完成处理工作。当输送链运行超过正常速度时，可能会发生这种情况。

输送链跟踪系统主要由 3 个部分组成：

（1）输送链编码器，用于探测输送链的运动情况。

（2）同步触发开关、机器人校准针、输送链校准针等，用于探测和校准输送链上对象的位置。

（3）输送链跟踪单元，以 ABB 机器人为例，选择输送链跟踪时，应配置编码器的连接模块 DSQC377A（B），该模块把工件的位置反馈给机器人。

（4）跟踪软件，实现对输送链跟踪过程的控制。

5.4.2　RobotStudio 中的机械装置

机械装置是指具有一定的活动度（自由度）的装置。在工业机器人的工作站中经常可以看到滑轨、转台、夹爪等机械装置。在 RobotStudio 中能否创建这些机械装置呢？

RobotStudio 中可以创建以下四种类型的机械装置：

（1）机器人　机器人是软件自带的机器人模型，本身就是一种机械装置。当然也可以在 RobotStudio 中创建自定义机器人类型的机械装置。图 5-2 所示是 RobotStudio 中创建机器人类型机械装置的窗口。创建机器人类型机械装置要对组成机械装置的链接（构件）、接点（关节）、框架以及校准进行设置。

（2）工具　工具是创建工具类型的机械装置，用来创建具有一定活动度的手爪类的工具。图 5-3 所示是在 RobotStudio 中创建工具类型机械装置的窗口。创建工具类型机械装置要对组成机械装置的链接（构件）、接点（关节）、工具数据进行设置。

图 5-2　创建机器人窗口

（3）外轴　外轴是软件自带的变位机、导轨，是外轴类型的机械装置。也可以创建自定义外轴类型的机械装置，图 5-4 所示是在 RobotStudio 中创建外轴类型机械装置的窗口。创建外轴类型机械装置要对组成机械装置的链接（构件）、接点（关节）、框架及校准进行设置。

（4）设备

图 5-5 所示是在 RobotStudio 中创建设备类型机械装置的窗口。创建设备类型机械装置要对组成机械装置的链接（构件）、接点（关节）进行设置。

图 5-3　创建工具窗口

图 5-4　创建外轴窗口

图 5-5　创建设备窗口

在 RobotStudio 的"建模"选项卡下，具有创建机械装置的功能选项。本项目将带领大家创建工具类型的机械装置。

5.4.3　常用功能——Reltool 和 CRobt

项目 2 已经介绍了 Offs 功能，下面再给大家介绍两个常用的功能——Reltool 与 CRobt。

（1）Reltool 功能

Reltool 偏移功能是指以选定的目标点为基准，沿着选定的工具坐标系的 X、Y、Z 轴方向偏移一定的距离或旋转一定的角度。格式如下：

RelTool　（Point, Dx, Dy, Dz, [\Rx], [\Ry], [\Rz]）

其中 Ponit 是 robtarget 类型，为偏移和旋转的基准。Dx、Dy 和 Dz 分别是在工具坐标系下相对于 X、Y 和 Z 轴的偏移，Rx、Ry 和 Rz 则分别是在工具坐标系下相对于 X、Y 和 Z 轴的旋转。

例如：

MoveL Reltool(p10, 0, 0, 10), v1000, z50, tool0\WObj：=wobj1;

将机器人的 TCP 移动至以 p10 为基准点，沿着工具坐标系 tool0 的 Z 轴正方向偏移 10 mm 的位置。

又例如：

MoveL Reltool(p10, 0, 0, 10\Rz：=90), v1000, z50, tool0\WObj：=wobj1;

这是将机器人的 TCP 移动至以 p10 为基准点，沿着工具坐标系 tool0 的 Z 轴正方向偏移 10 mm，并绕工具坐标系 Z 轴旋转 90°的位置。

（2）CRobT 功能

CRobT 功能用于读取当前机器人目标点数值。

先定义一个 robtarget 类型的数据,然后将读取的当前机器人位姿数据存入到预先定义的数据中。例如,指定工具数据 tool1,工件坐标默认,程序如下:

VAR robtarget p3;

p3 : = CRobT(\Tool:=tool1 \WObj:=wobj0);

5.4.4 动作触发指令

ABB 机器人常用的动作触发指令有 TriggL、TriggC、TriggJ 等。例如,TriggL 指令是指在线性运动过程中,在指定位置准确地触发事件(如置位输出信号、激活中断等)。可定义多种类型的触发事件,如 TriggIO(触发信号),TriggEquip(触发装置动作),TriggInt(触发与位置相关的中断)等。

以触发装置动作类型为例,在准确的位置触发机器人夹具的动作通常采用此种类型的触发事件。例如,为提高节拍时间,在控制吸盘夹具动作过程中,在吸取产品时通常需要提前打开真空,在放置产品时也可能需要提前释放真空,为了能够准确地触发吸盘夹具的动作,通常采用 Trigg 指令来对其进行控制。触发装置动作过程如图 5-6 所示。

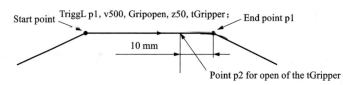

图 5-6 触发装置动作过程

! 定义触发数据 GripOpen

VAR triggdata GripOpen;

! 定义触发事件 GripOpen,在距离指定目标点前 10 mm 处,并提前 0.1 s(用于抵消设备动作延迟时间)触发指定事件:将数字输出信号 doGripOn 置为 1。

TriggEquip GripOpen, 10, 0.1 \DOp:=doGripOn, 1;

! 执行 TriggL,调用触发事件 GripOpen,即机器人 TCP 在朝向 p1 点运动过程中,在距离 p1 点前 10 mm 处,并且提前 0.1 秒将 doGripOn 置为 1。

TriggL p1, v500, GripOpen, z50, tGripper;

注意:如果在触发距离后面添加可选参变量 \Start,则触发距离的参考点不再是终点,而是起点。

5.4.5 中断及常用的中断指令

RAPID 程序在执行过程中,如果发生需要紧急处理的情况,这就要机器人中断当前程序的执行,程序指针 PP 马上跳转到专门的程序中对紧急的情况进行相应的处理,结束后程序指针 PP 返回到原来被中断的地方,继续往下执行。专门用来处理紧急情况的程序,就叫作中断程序(TRAP)。

中断程序经常会用于出错处理、外部信号的响应这种实时响应要求高的场合。中断响应具体过程如下:

在程序正常执行过程中，发生需要紧急处理的情况，这时中断当前程序的正常执行；程序指针 PP 立刻跳转到专门的程序中，去处理紧急情况，即执行中断程序；当执行完中断程序后，程序指针 PP 自动返回到发生中断的地方继续往下执行主程序，这就是中断响应的过程。下面介绍 RAPID 程序中常用的中断指令。

（1）CONNECT 指令

CONNECT 指令用于发现中断识别号，并将其与软中断程序相连，即把中断标识号和中断程序进行关联的指令。实现中断首先需要创建数据类型为 intnum 的变量作为中断的识别号，识别号代表某一种中断类型或事件，然后通过 CONNECT 指令将识别号与处理此识别号中断对应的中断处理程序关联。

CONNECT 指令格式：

CONNECT Interrupt WITH Trap routine

Interrupt 的数据类型为 intnum，为中断识别号的变量。Trap routine 程序数据类型为 Identifier，为中断程序名。

（2）中断触发指令

① ISignalDI 为数字输入信号中断触发指令。

ISignalDI 用于下达和启用数字输入信号的中断指令，即中断触发条件为数字输入信号。

例如：ISignalDI di2, 1, intno2；

当数字信号输入信号 di2 置为 1 时，即中断触发条件满足，将转到中断标识符 intno2 所关联的中断程序去执行。

② ISignalDO 为数字输出信号中断触发指令。

ISignalDO 用于下达和启用数字输出信号中断的指令，即中断触发条件为数字输出信号。

例如：ISignalDO do1, 0, intno1；

当数字信号输出信号 do2 置为 0 时，即中断触发条件满足，将跳转到中断标识符 intno1 所关联的中断程序去执行。

对于指令 ISignalDO 或者 ISignalDI，以数字信号触发的中断，既可以上升沿有效，也可以下降沿有效。例如：

ISignalDO do1, 0, intno1；！这里中断数字信号触发都是下降沿有效；

ISignalDI do1, 0, intno1；！这里中断数字信号触发都是下降沿有效；

ISignalDO do1, 1, intno1；！这里中断数字信号触发都是上升沿有效；

ISignalDI do1, 1, intno1；！这里中断数字信号触发都是上升沿有效；

除此以外还有 ISignalGI（组数字信号输入中断）、ISignalGO（组数字信号输出中断）、ISignalAI（模拟信号输入中断）、ISignalAO（模拟信号输出中断）、ITimer（定时中断）、TriggInt（固定位置中断）、IPers（变更永久数据对象中断）、IError（出错时中断）、IRMQMessage（消息中断），这些指令的具体使用请参考 RAPID 指令、函数和数据类型技术手册。

(3)控制中断是否生效的指令

① Idelete 取消中断，彻底擦除中断的定义

例如：

IDelete intno1；

取消中断 intno1，即删除中断标识符 intno1 先前关联的所有关系。

例如：

VAR intnum intno1；

PROC main( )

　　IDelete intno1；

　　CONNECT intno1 WITH rTrap；

　　ISignalDI di1，1，intno1；

ENDPROC

定义标识符 intno1，利用指令 IDelete 先删除 intno1 原先已经关联的关系；然后再利用 CONNECT 指令，把中断标识符 intno1 和中断程序 rTrap 进行关联；再通过指令 ISignalDI 把中断标识符 intno1 和中断触发条件 di1 为 1 进行关联。执行上述三条指令以后，中断监控就已经开启。一般中断关联操作放在初始化程序当中，在正常运行时中断监控开启，只要当中断条件 di1＝1 满足，就会触发去执行中断程序 rTrap。

② IDisable 禁用所有中断

③ IEnable 启用所有中断

例如：

IDisable；

FOR i FROM 1 TO 100 DO

　　reg1：＝reg1+1；

ENDFOR

IEnable；

从 1 到 100 进行计数时，不允许任何中断。计数完成以后，则启用所有中断。

又例如：

VAR intnum intno1；

VAR intnum intno2；

　⋮

PROC init_interrupt( )

　⋮

CONNECT intno1 WITH rTrap3；

ISignalDI di1，1，intno1；

CONNECT intno2 WITH rTrap3；

ISignalDI di2，1，intno2；

　⋮

ENDPROC

中断程序如下：

```
TRAP rTrap3
    IF INTNO = intno1 THEN
        ⋮
    ELSE
        ⋮
    ENDIF
        ⋮
ENDTRAP
```

将输入 di1 或 di2 设置为 1 时，产生中断。随后，调用 rTrap3 中断程序。将系统变量 INTNO 用于中断程序，查明已出现中断的类型。

注意在以下情形时，中断会自动停用：

①加载新的程序。

②从起点重启程序。

③将程序指针移动到程序起点。

除此以外控制中断是否生效的指令还有 ISleep、IWatch 等，这些指令的具体使用请参考 RAPID 指令、函数和数据类型技术手册。

5.5　项目实施

通过项目分析可知，在工业机器人输送链跟踪上料仿真工作站中，输送链用于源源不断地输送托盘，机器人与输送链具有跟踪关系，在一定范围内，机器人自动将垛板上放置的产品放置于输送链的托盘上。要完成该项目，首先要创建一个工具类型的机械装置，接着使用 Smart 组件来创建夹具抓取、钩住和放置产品的动态效果，然后创建输送链并添加机器人系统，建立输送链与机器人系统的连接关系，并编写工业机器人输送链跟踪上料程序，在此基础上进行工作站逻辑设定和工艺节拍的仿真验证。接下来先创建工具机械装置。

5.5.1　任务 1　创建工具机械装置

①导入手爪模型。通过"建模"选项卡下面"导入几何体"，将该手爪各个部件的模型导入 RobotStudio，并根据实际情况设置各部件的位置。该手爪模型由左夹板、右夹板、基座、钩子以及控制钩子动作的油缸杆和油缸筒，共 6 个构件组成，如图 5-7 所示。

②创建机械装置。通过"建模"选项卡下面"创建机械装置"，来创建工具类型的机械装置。如图 5-8 所示，创建工具类型的机械装置，将该机械装置模型名称设置为"Gripper"，下面依次对链接、接点、工具数据和依赖性进行设置。

双击"链接"，为该机械装置添加链接。首先设置基座为 L1 链接，作为固定件 BaseLink，如图 5-9 所示。

接着设置左夹板为 L2 链接，右夹板、油缸筒及油缸杆为 L3 链接，钩子为 L4 链接，如图 5-10~图 5-12 所示。

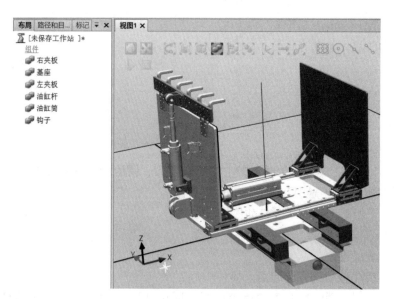

图 5-7　导入手爪模型

图 5-8　创建工具类型的机械装置

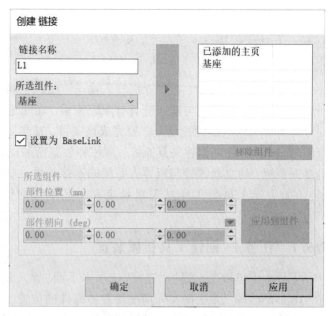

图 5-9　设置构件 L1

　　链接设置完成后，接下来对接点进行设置。双击"接点"，按照如图 5-13 所示，设置右夹板相对于基座可沿 X 轴的正方向往复移动，设置关节最大限值为 85 mm，关节最小限值为 0。

　　接着，设置第 2 个关节 J2。因为左夹板跟随右夹板，因此"启动"不勾选，其余设置按照图 5-14 所示设置左夹板相对于基座可沿 X 轴的负方向往复移动，设置关节最大限值为 85 mm，关节最小限值为 0。

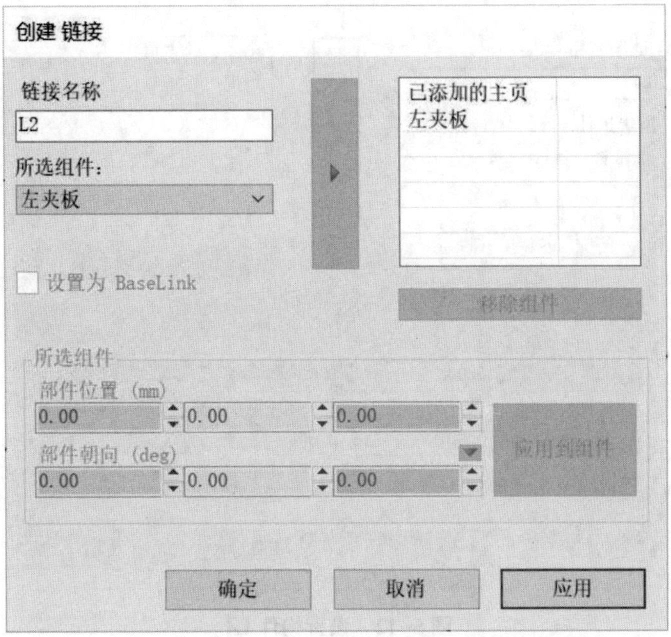

图 5-10　设置构件 L2

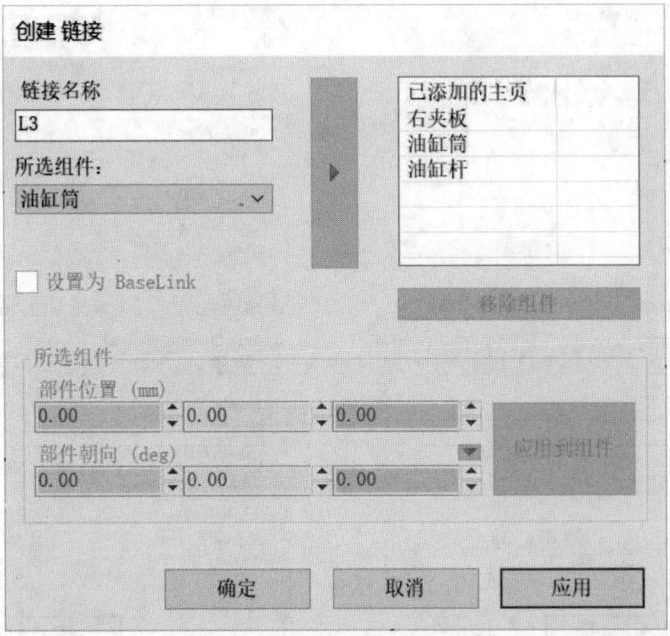

图 5-11　设置构件 L3

图 5-12 设置构件 L4

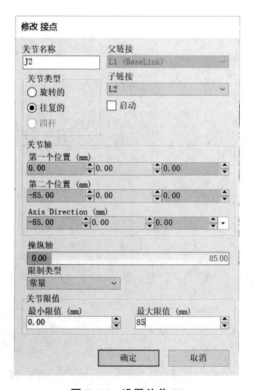

图 5-13 设置关节 J1   **图 5-14 设置关节 J2**

接着，设置第 3 个关节 J3。因为钩子安装于右夹板并能转动，设定关节类型为"旋转的"，其余设置按照图 5-15 所示设置。钩子相对于右夹板可绕旋转轴旋转，设置关节最大限值为 75°，关节最小限值为 0，旋转轴的位置方向如图 5-15 所示。

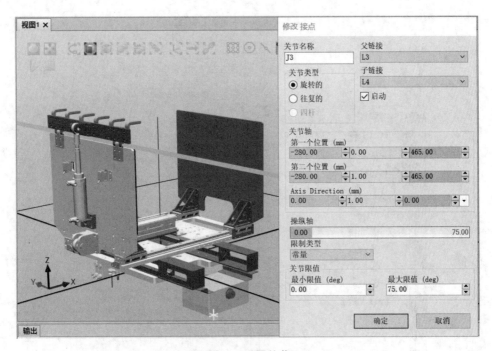

图 5-15　设置关节 J3

接点设置完成后，接下来对工具数据进行设置。先新建一个框架，作为该工具的 TCP。创建框架的方法与 3.5.1 节中类似，创建的框架如图 5-16 所示。

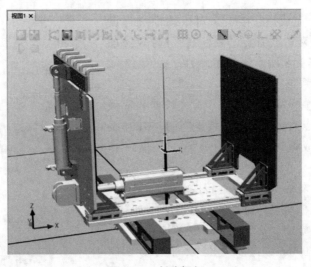

图 5-16　创建框架

如图5-17(a)所示，在"工具数据"上点击鼠标右键选择"添加工具数据"，然后按工具的实际情况设置相关的参数。勾选"从目标点/框架中选择值"，然后在左侧布局窗口下选择刚创建的框架1，并设置工具的重量、重心和转动惯量，具体如图5-17(b)所示。

(a) 添加工具数据

(b) 工具数据相关设置

图 5-17　添加工具数据

工具数据设置完成后，接下来对依赖性进行设置。在"依赖性"上双击或者点击鼠标右键选择"添加依赖性"，按照图5-18所示设置依赖性。关节 J2 依赖于关节 J1，依赖系数为1。

③编译机械装置。链接、接点、工具数据和依赖性设置完成以后，点击"创建 机械装置"窗口中的"编译机械装置"，完成该机械装置的编译，如图5-19所示。

④为机械装置添加姿态并设置转换时间。

点击"创建 机械装置"姿态窗口中的"添加"按钮，为该机械装置添加姿态。首先，创建原点姿态，J1 关节值设置为 0 mm，J3 关节值设置为 0°，如图5-20所示。

接着，创建抓紧姿态，J1 关节值设置为 85 mm，

图 5-18　依赖性设置

J3 关节值设置为 0°，如图 5-21 所示。

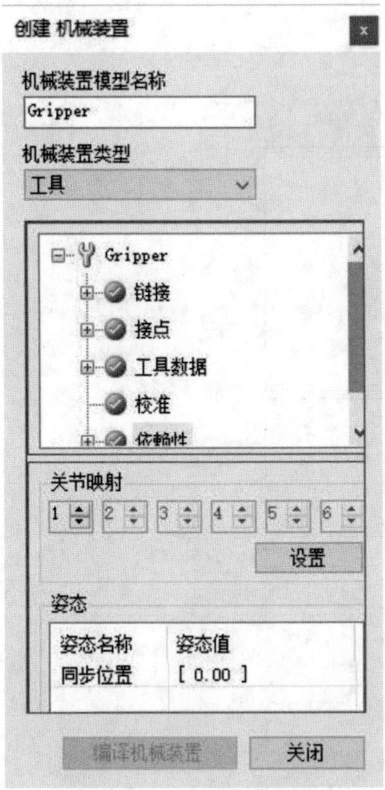

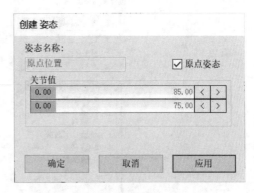

图 5-20　创建原点姿态

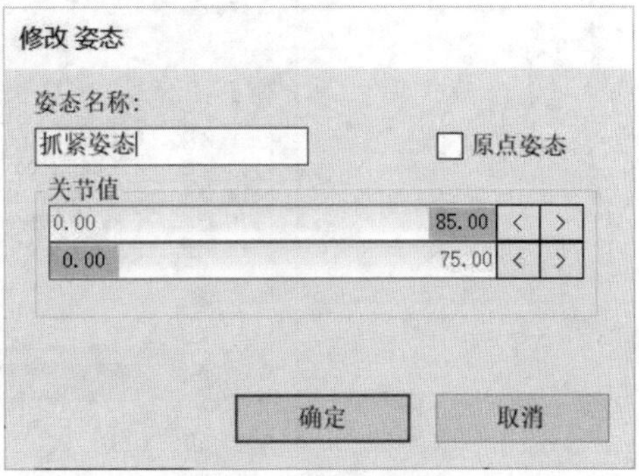

图 5-19　编译机械装置

图 5-21　创建抓紧姿态

接着，创建钩住姿态，J1 关节值设置为 85 mm，J3 关节值设置为 75°，如图 5-22 所示。

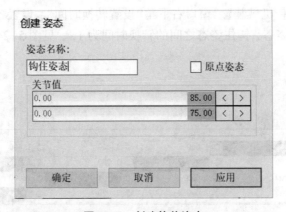

图 5-22　创建钩住姿态

至此，姿态创建完成，如图 5-23 所示。

图 5-23　姿态添加完成

接下来点击"创建 机械装置"窗口右下角"设置转换时间"，设置各姿态间的转换时间。设置原点位置、抓紧姿态、钩住姿态之间的转换时间为 1 s，见图 5-24。

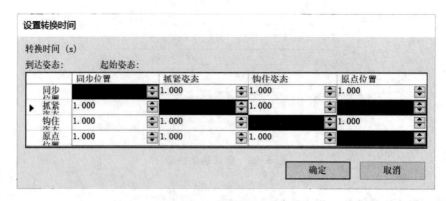

图 5-24　设置转换时间

【练一练】解包工作站，导入机械夹爪模型，创建工具类型的机械装置。

5.5.2　任务2　用 Smart 组件创建动态夹具

任务2使用 Smart 组件创建动态夹具，以实现手爪抓取、钩住和放置产品的动画效果。

（1）创建一个 Smart 组件，修改名称为 SC_tool

将任务1中创建的机械装置 Gripper 拖至 SC_tool 组件中，并在 Gripper 上点击鼠标右键，选择将其设定为角色 Role，如图 5-25 所示。

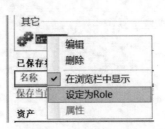

图 5-25　设定角色 Role

接着，导入四轴机器人 IRB460，并创建一个长为 1000 mm，宽为 800 mm，高为 500 mm 的立方体作为机器人底座，并将 SC_tool 整体安装至机器人末端法兰盘，如图 5-26 所示。

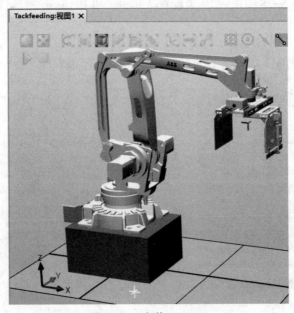

图 5-26　安装 SC_tool

（2）为 SC_tool 组件依次添加子组件

首先，添加3个 PoseMover 子组件。在 SC_tool 组件编辑窗口下，点击"添加组件"，在"本体"类子对象组件中找到 PoseMover，并添加3个。PoseMover 子组件用来将机械装置运动至已定义的姿态。将3个 PoseMover 子组件的名称分别修改为"打开""抓紧""钩住"，分别对应于原点姿态、抓紧姿态和钩住姿态，具体设置情况如图 5-27 所示。

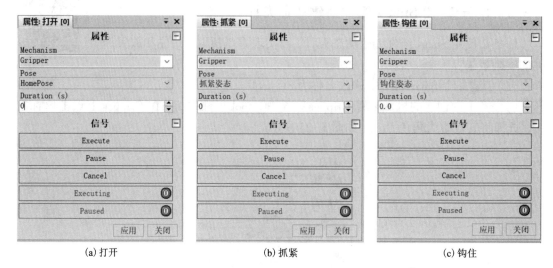

(a) 打开　　　　　　　　　(b) 抓紧　　　　　　　　　(c) 钩住

图 5-27　设置 PoseMover 属性

其次，添加子对象组件安装 Attacher、拆除 Detacher 用来拾取和放置产品。在 SC_tool 组件编辑窗口下，点击"添加组件"，在"动作"类子对象组件中找到 Attacher 和 Detacher 并添加。添加后参考图 5-28、图 5-29 来设置 Attacher 和 Detacher 的属性。

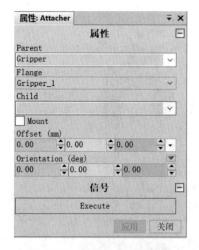

图 5-28　设置 Attacher 属性

图 5-29　设置 Detacher 属性

接着，添加一个 LineSensor 对象，用来检测产品。在 SC_tool 组件编辑窗口下，点击"添加组件"，在"传感器"类子对象组件中找到 LineSensor 并添加。借助于窗口区的捕捉工具"选择目标点/框架"，设置线性传感器的起点位置、末端位置以及半径大小，这里先不激活线性传感器。线性传感器 LineSensor 具体情况如图 5-30 所示。

然后，添加锁定 LogicSRLatch 和 2 个逻辑门 LogicGate 子对象组件。在 SC_tool 组件编辑窗口下，点击"添加组件"，在"信号和属性"类子对象组件中找到 LogicSRLatch 和

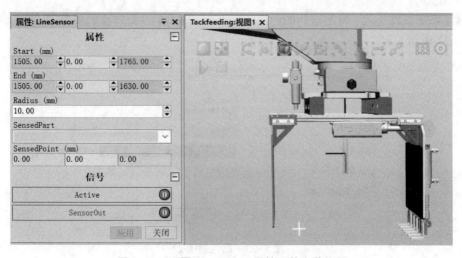

图 5-30　设置 LineSensor 属性及其安装位置

LogicGate 并添加。LogicSRLatch 用来置位或复位信号，无须设置属性。将两个 LogicGate 设置为逻辑非门，如图 5-31 所示。

图 5-31　设置 LogicGate 属性

（3）为子组件添加属性与连接

线性传感器 LineSensor 检测到的产品将作为安装子对象组件 Attacher 中的安装对象 Child，并将其安装于 Gripper 工具上。同时，Attacher 的安装对象 Child 作为 Detacher 中要放置的对象 Child。于是，添加属性连接：LineSensor 检测到的物品 SensedPart 作为 Attacher 中的 Child，如图 5-32 所示。

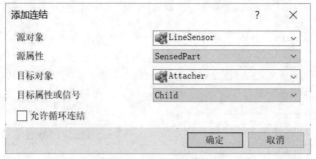

图 5-32　属性连接 1

继续添加属性连接：将拾取到的产品 Attacher>Child 作为要放置的对象 Detacher>Child，如图 5-33 所示。

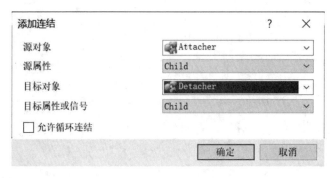

图 5-33 属性连接 2

（4）为子组件添加信号与连接

添加控制手爪夹板的数字输入信号，置 1 为夹紧，置 0 为打开，属性如图 5-34 所示。

图 5-34 添加 diGrip 数字输入信号

添加控制手爪钩子的数字输入信号，置 1 为钩住，置 0 为打开，属性如图 5-35 所示。

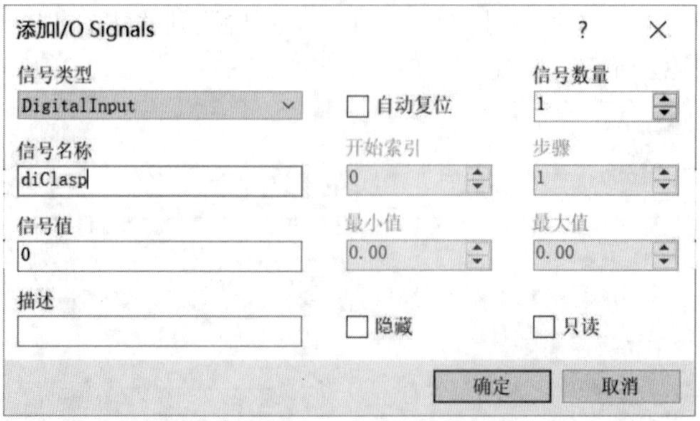

图 5-35 添加 diClasp 数字输入信号

接着添加一个数字输出信号 doGripOK，用于反馈抓取状态的信号，置 1 为抓取完成，置 0 为未完成抓取，属性如图 5-36 所示。

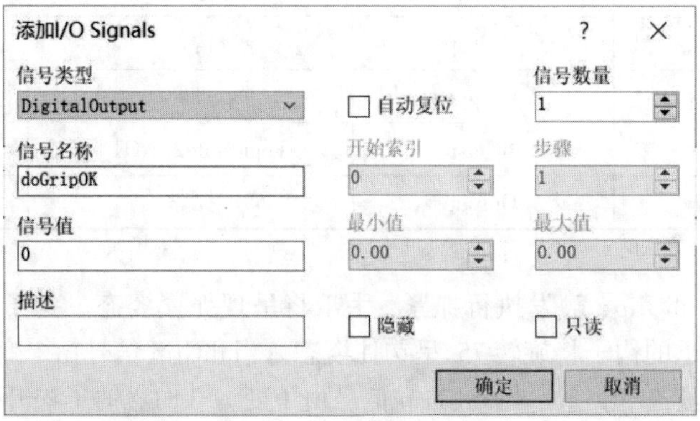

图 **5-36**　添加 **doGripOK** 数字输入信号

信号添加完毕以后，按照表 5-1 所示添加 I/O 连接。夹板控制信号 diGrip，触发传感器开始执行检测。传感器检测到物品后，开始执行安装产品至手爪的操作。从手爪上拆除物品是当 diGrip 信号由 1 变为 0 时执行，要用到逻辑非门 LogicGate［NOT］。当 diGrip 信号由 1 变为 0 时执行从手爪上拆除物品。另外，抓取完成后触发置位复位子对象组件 LogicSRLatch 执行"置位"动作，拆除完成后触发置位复位子对象组件 LogicSRLatch 执行"复位"动作。且置位复位子对象组件 LogicSRLatch 的动作触发 doGripOK 信号的置位和复位动作，实现当抓取完成后将 doGripOK 信号置位为 1，当放置完成后将 doGripOK 信号复位为 0。

表 **5-1**　抓取与放置动作信号连接

源对象	源信号	目标对象	目标信号或属性
SC_tool	diGrip	LineSensor	Active
LineSensor	SensorOut	Attacher	Execute
SC_tool	diGrip	LogicGate［NOT］	InputA
LogicGate［NOT］	Output	Detacher	Execute
Attacher	Executed	LogicSRLatch	Set
Detacher	Executed	LogicSRLatch	Reset
LogicSRLatch	Output	SC_tool	doGripOK

除此以外，该手爪是能够活动的机械装置，因此在抓取和放置物品时手爪具有抓紧、钩住和打开姿态的变换动作，所以还要设置相应的姿态变化的信号连接关系，参考表 5-2 进行设置。

表 5-2　手爪姿态控制信号连接

源对象	源信号	目标对象	目标信号或属性
SC_tool	diGrip	抓紧	Execute
SC_tool	diClasp	钩住	Execute
LogicGate[NOT]	Output	打开	Execute
SC_tool	diClasp	LogicGate2[NOT]	InputA
LogicGate2[NOT]	Output	抓紧	Execute

夹板控制信号 diGrip，触发执行抓紧，手爪将呈现抓紧姿态。钩子控制信号 diClasp，触发执行钩住，手爪的钩子将旋转 75°呈钩住姿态。当 diGrip 信号由 1 变为 0 时，执行拆除物品，手爪呈打开姿态。另外，当 diClasp 信号由 1 变为 0 时，钩子松开，手爪呈现抓紧姿态，用到了逻辑非门 LogicGate2[NOT]。

(5)动态模拟运行

至此使用 Smart 组件创建动态夹具基本完成，接下来进行动态模拟运行。首先，在手爪内创建一个长为 380 mm，宽为 380 mm，高为 300 mm 的产品模型。在 SC_tool 中找到工具 Gripper，点击鼠标右键，选择让其"回到机械原点"，这时手爪将处于打开状态如图 5-37 所示。

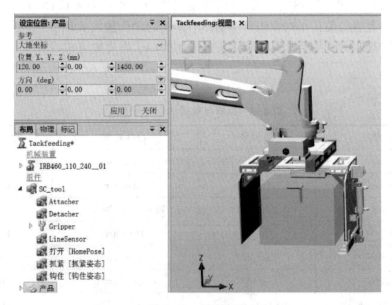

图 5-37　创建产品

在"仿真"功能选项卡下，点击"I/O 仿真器"，选择系统为"SC_tool"，如图 5-38 所示。在该窗口中，可以手动对 diClasp 和 diGrip 信号进行控制，然后观察手爪控制效果。

例如，将 diGrip 信号设置为 1，线性传感器被激活，线性传感器检测到产品，执行安装操作，手爪将执行夹紧动作，并向外输出 doGripOK 信号，如图 5-39 所示。

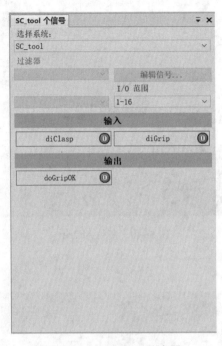

图 5-38 打开 I/O 仿真器

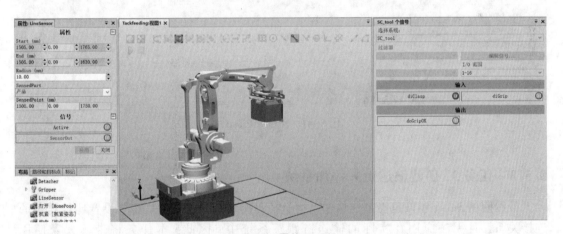

图 5-39 置位 diGrip

接下来同样执行拆除产品的动态模拟操作。将 diGrip 信号设置为 0，手爪将执行打开动作，同时执行拆除操作，如图 5-40 所示。

同样执行钩住产品的动态模拟操作。将 diClasp 信号设置为 1，手爪将执行夹紧动作和钩住动作，但是此时线性传感器没有激活因此没有检测到产品，所以并未安装产品，如图 5-41 所示。

【练一练】打开任务 1 中完成的工作站，利用 Smart 组件创建夹具动态效果。

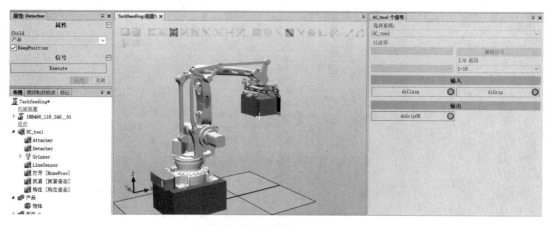

图 5-40　复位 diGrip

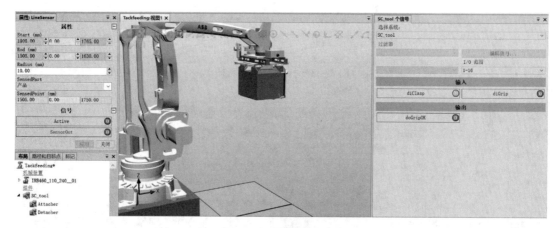

图 5-41　置位 diClasp

5.5.3　任务 3　创建输送链并添加系统

　　虽然使用 Smart 组件也能创建输送链运送托盘的动画效果，但是需要设置比较复杂的连接关系，且无法应用在实际的输送链跟踪系统中。因此，本任务将带领大家使用 RobotStudio 中的创建输送链功能来创建输送链并添加系统。

　　为了便于显示，将任务 2 创建的 Smart 组件 SC_tool、机器人及底座取消可见。然后在"基本"选项卡下面"导入模型库"中，选择"设备"，找到输送链 Guide，如图 5-42 所示。

　　在弹出的输送链 Guide 窗口下，选择输送链宽度为 600 mm，如图 5-43 所示。

　　然后在左侧"布局"窗口中找到输送链 600_guide，选中该输送链模型并点击鼠标右键，选择"断开与库的连接"，以方便编辑，如图 5-44 所示。

　　接下来，在"建模"选项卡下面点击"创建输送链"按钮，开始创建输送链，如图 5-45 所示。

图 5-42　导入输送链

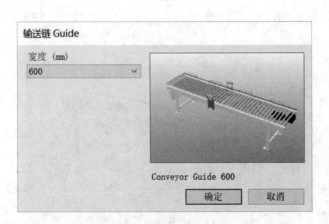

图 5-43　设置输送链宽度

图 5-44　断开与库的连接

图 5-45　点击"创建输送链"

在"创建输送带"窗口中，对传送带的几何结构进行设置，选择"600_guide"，传送带类型为"线性"，传送带长度设置为 2400 mm，并勾选"正在重复"，具体设置如图 5-46 所示。激活"正在重复"选项后，仿真运行时，输送带会自动复制新物料并传递。

图 5-46　创建输送链

设置完成后，点击"创建"，则在左侧布局窗口下将出现输送链图标，如图 5-47 所示。

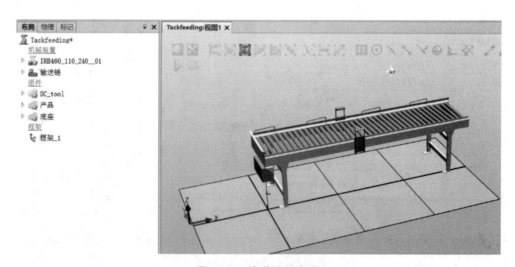

图 5-47　输送链创建后

接下来，把输送链隐藏，创建托盘模型，托盘尺寸长为 600 mm、宽为 600 mm、高为 50 mm，如图 5-48 所示。然后，修改托盘的物理行为属性。在托盘模型上单击鼠标右键，依次选择"物理">"行为"，设置其行为为"运动学的"，即物体在物理仿真中与其他物体互动，但其动作不受影响，如图 5-49 所示。

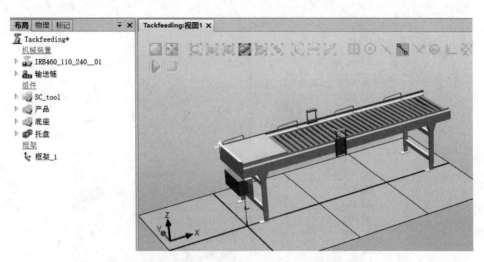

图 5-48　创建托盘模型并放置于输送链上

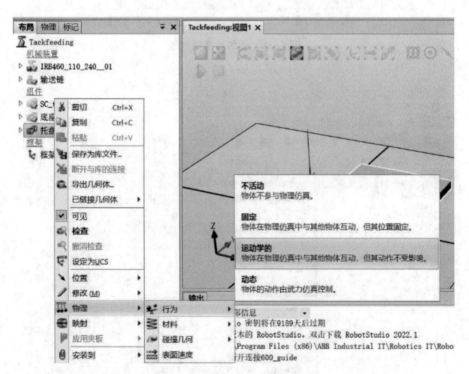

图 5-49　修改托盘物理行为属性

　　接下来，为输送链添加对象。选中"输送链"，点击鼠标右键，选择"添加对象"，添加部件"托盘"，设置节距为 1000 mm，Z 方向偏移 773 mm，如图 5-50 所示。

　　在"仿真"选项卡下，点击"仿真设定"，仿真对象勾选"输送链"，然后关闭"仿真设定"，即可点击"播放"按钮，对输送链的效果进行仿真，如图 5-51 所示。

(a) 添加对象   (b) 设置部件与节距

图 5-50 添加输送链对象

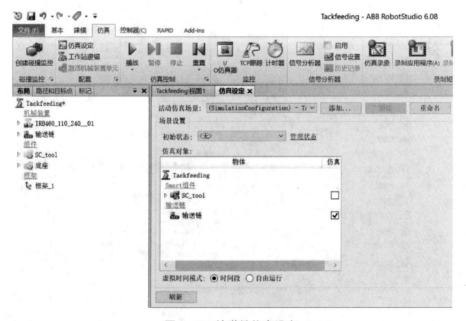

图 5-51 输送链仿真设定

放置于输送链上的托盘沿着输送链直线运动，并源源不断产生新的托盘，节距为 1000 mm，运动至输送链末端的托盘自动消失，输送链仿真效果如图 5-52 所示。

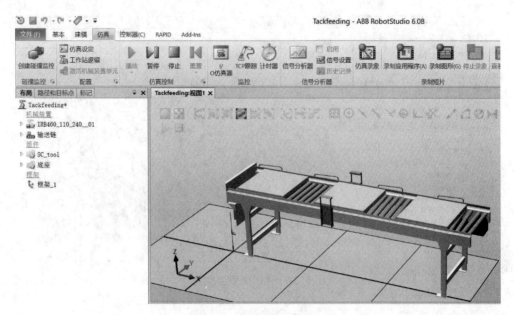

图 5-52　输送链仿真运行

接下来，对输送链的位置进行调整，使输送链位于机器人的可达范围以内。在"输送链"上点击鼠标右键，依次选择"位置" >"设定位置"，如图 5-53 所示。

对输送链位置进行修改时，可选择"显示机器人工作区域"，将机器人可达范围显示出来，以方便调整输送链至机器人的可达位置，输送链位置及姿态具体设置参数如图 5-54 所示。

接下来为机器人添加系统。在"基本"选项卡下面，点击"机器人系统"，选择"从布局"生成机器人系统，系统选项参数中除了常规的系统语言与 709 - 1 DeviceNet Master/Slave 以外，还要选择输送带跟踪功能选项"606 - 1 Conveyor Tracking"，如图 5-55 所示。

此时系统会要求选择"1552 - 1 Tracking Unit Interface"或"Conveyor Tracking on PIB"，任意选择其中一个选项即可，这里选择"Conveyor Tracking on PIB"，如图 5 - 56 所示。

图 5-53　输送链位置设定

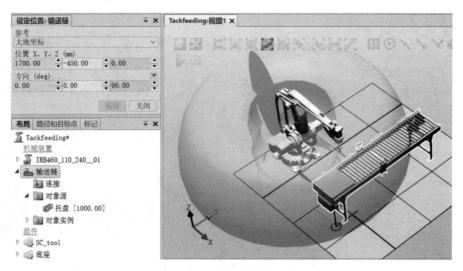

图 5-54　输送链位姿参数

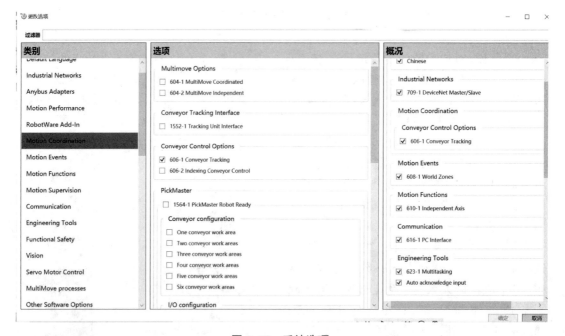

图 5-55　系统选项

接下来建立输送链与机器人系统的连接。在"建模"选项卡的"机械"命令组中,点击"创建连接"命令按钮,如图 5-57 所示。也可以在输送链上点击鼠标右键,选择"创建连接",如图 5-58 所示。

在"创建连接"窗口中,配置机器人控制器与输送带之间的跟踪连接关系,如图 5-59 所示。

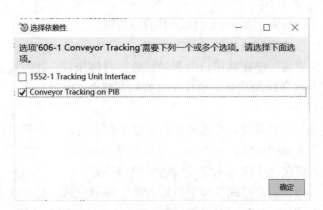

图 5-56 选择依赖性

图 5-57 创建连接

图 5-58 创建连接

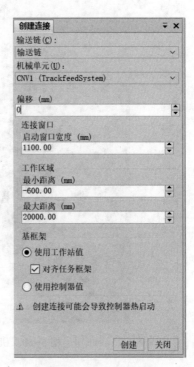

图 5-59 创建连接设置

各个属性参数含义如下：

● 输送链，用于选择要连接机器人控制器的输送链。

● 机械单元，用于选择要连接的机器人系统。

● 偏移，用来设置输送链跟踪窗口的起始位置。具体来说，就是设置输送链机械装置的基准坐标系位置与输送链跟踪基准坐标系位置的偏移值，机器人将在产品运行到偏移值处时开始执行跟踪任务。

● 启动窗口宽度，用来设置以输送链跟踪基准坐标系为起始位置沿着输送链输送方向的跟踪窗口宽度，设置宽度所在位置与输送链跟踪基准坐标系所在位置将形成一个区域，即跟踪窗口，机器人将在这个区域内完成输送链跟踪任务。

● 工作区域，是指设置在跟踪窗口中机器人能够顺利完成工件加工的工作区域，通过设置"最小距离"与"最大距离"来控制区域范围大小，这里采用默认值。

● 基框架，用来设置输送链跟踪基准坐标系坐标值更新方式，包含"使用工作站值"与"使用控制器值"两种方式，在选择"使用工作站值"时，可以选择"对齐任务框架"，以使RAPID 中的任务坐标系与连接的工作站中的基准坐标系对齐。

这里根据需要设置连接参数，设置完成后点击"创建"按钮，此时控制器将重新启动以完成机器人控制器与输送链跟踪连接的建立。重启完成以后，在输送链下方将会出现一个淡黄色的长方体，这个长方体就是机器人对输送链的跟踪窗口，如图 5 60 所示。

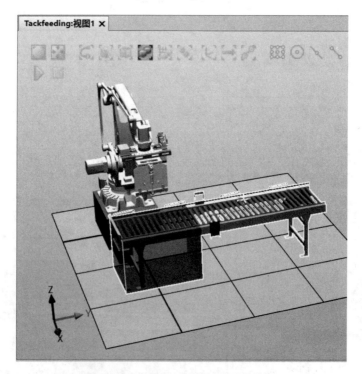

图 5-60　机器人对输送链的跟踪窗口

机器人控制器与输送链跟踪连接建立后，在机器人控制系统中自动创建了一个用于输送链跟踪的工件坐标系，即 wobj_cnv1，如图 5-61 所示。

图 5-61　用于输送链跟踪的工件坐标 **wobj_cnv1**

至此，已经完成输送链的创建和机器人系统的添加，并成功建立了两者的跟踪连接关系。

【练一练】打开任务 2 中完成的工作站文件，使用 RobotStudio 创建输送链的功能创建输送链，添加机器人系统并建立跟踪连接。

5.5.4　任务 4　机器人输送链跟踪上料信号配置及程序创建

创建输送链跟踪上料程序之前，首先要配置相应的信号单元和信号，配置过程可参考 4.5.2 节。项目中配置 DSQC652 信号单元和信号如下：

- doGrip 数字输出抓取产品信号。
- doClasp 数字输出钩住产品信号。
- diGripOK 数字输入手爪状态反馈信号。

信号配置完成以后重启控制器，进行机器人程序创建。

为方便编程，首先在输送链上放置一套托盘和产品。在"布局"窗口中，找到"输送链"的对象源，在托盘上点击鼠标右键，选择将其"放在传送带上"，这样就将托盘放置到了输送链的起始位置，如图 5-62 所示。

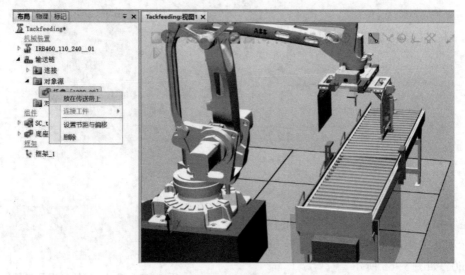

图 5-62　放置托盘

接着，将托盘与用于输送带跟踪的工件坐标系 wobj_cnv1 进行连接。如图 5-63 所示，在托盘上点击鼠标右键，选择"连接工件">"wobj_cnv1"，从而完成输送链上的托盘与用于输送带跟踪的工件坐标 wobj_cnv1 的连接。

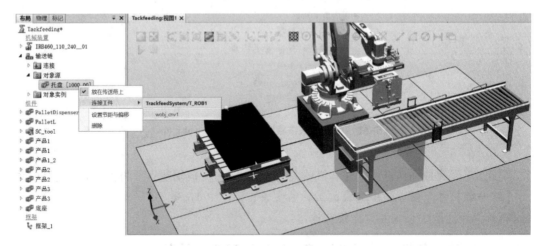

图 5-63　连接工件坐标

此时，在输送链上点击鼠标右键，选择"操纵"就可手动操纵托盘在输送链上移动，注意应当保证托盘位于淡黄色的跟踪窗口以内。然后，从垛板上复制一个产品，放置于托盘上，如图 5-64 所示。

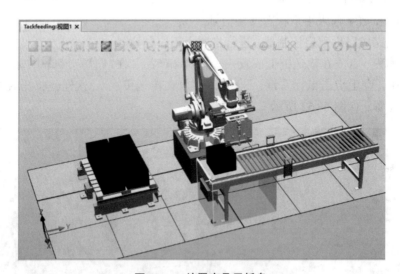

图 5-64　放置产品于托盘

下面，编写 rInit 初始化例行程序。

在"基本"选项卡下，设置当前编程的任务、工件坐标和所使用的工具，需要注意这里工件坐标使用 wobj0，如图 5-65 所示。

图 5-65　任务、工件坐标及工具设置

在软件右下角，设置编程使用的编程指令，如图 5-66 所示。

图 5-66　编程指令设置

如图 5-67 所示，在"路径与步骤"上点击右键，选择"创建路径"，然后将路径名字修改为"rInit"。

图 5-67　添加新路径

接下来为机器人示教一个安全点。选中例行程序"rInit"，使用"手动线性"工具将机器人移至合适位置，点击"示教指令"，并将该目标点名称修改为 PHome，如图 5-68 所示。

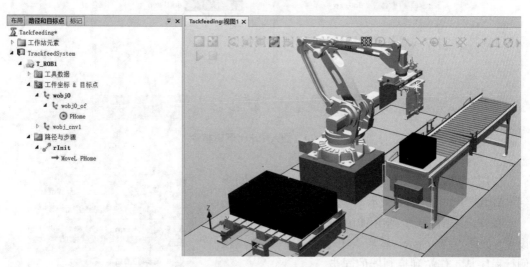

图 5-68　示教安全点

在 rInit 例行程序上点击鼠标右键，选择"插入逻辑指令"，如图 5-69 所示。

图 5-69　插入逻辑指令

依次在 rInit 例行程序中插入 Reset doGrip 和 Reset doClasp 两条逻辑指令，对控制信号进行初始化，如图 5-70 所示。

图 5-70　插入 Reset 逻辑指令

使用"基本"选项卡下的"同步"功能，选择"同步到 RAPID"，如图 5-71 所示。

在弹出来的"同步到 RAPID"窗口中进行相应的设置，如图 5-72 所示，然后点击"确定"从而实现该例行程序从工作站到控制器的同步。

同步完成后，切换至"RAPID"选项卡下，依次打开"T_ROB1">"Module1">"rInit"，对该例行程序进

图 5-71　同步例行程序

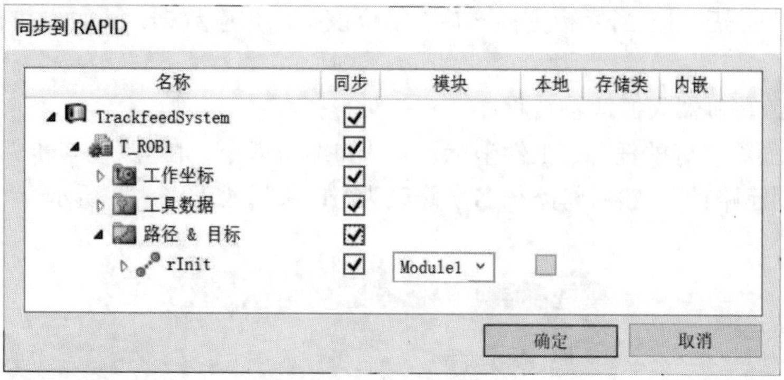

图 5-72　同步到 RAPID

行补充编辑如下：

```
PROC rInit( )
    pActualPos：=CRobT( \Tool：=Gripper_1)；
    pActualPos. trans. z：=PHome. trans. z；
    MoveL pActualPos, v1000, fine, Gripper_1\WObj：=wobj0；
    MoveJ PHome, v1000, fine, Gripper_1\WObj：=wobj0；
    Reset doGrip；
    Reset doClasp；
    TriggEquip HookOn, 100\Start, 0.1\DOp：=doClasp, 1；
    TriggEquip HookOff, 100, 0.1\DOp：=doClasp, 0；
    IDelete iPallet1；
    CONNECT iPallet1 WITH rPallet1；
    ISignalDI diPallet1OK, 1, iPallet1；
    ISleep iPallet1；
ENDPROC
```

rInit 例行程序实现工业机器人从当前停止位置运动至与安全点 PHome 一样高的位置，再运动至安全点 PHome，这样降低机器人回安全点过程中的碰撞风险。同时，为工具定义了两个动作触发事件：

TriggEquip HookOn, 100\Start, 0.1\DOp：=doClasp, 1；

定义触发事件 HookOn，在距离起始点 100 mm 处，并提前 0.1 s 触发指定事件：将数字输出信号 doClasp 置为 1。提前时间主要用于抵消设备动作延迟时间。

TriggEquip HookOff, 100, 0.1\DOp：=doClasp, 0；

定义触发事件 HookOff，在距离指定目标点前 100 mm 处，并提前 0.1 s 触发指定事件：将数字输出信号 doClasp 复位为 0。同理，提前时间主要用于抵消设备动作延迟时间。

另外，垛板上产品全部上料完毕以后，叉车将进行补料，如果补料完成机器人接收到补料完成信号 diPallet1OK，则将触发中断程序 iPallet1 执行。这里对中断也进行了初始化。首先断开中断数据 iPallet1 的中断连接，然后将中断数据 iPallet1 与中断程序 rPallet1 进行连接，并定义触发条件，即 diPallet1OK 上升沿时，触发中断，从而调用执行中断服务程序 rPallet1。该中断程序用于当垛板更换之后，复位该工位相应数据，从而再执行该工位的跟踪上料任务。

接下来，编写机器人抓取物料程序。

这里用前面设置好的任务、工件坐标、工具和编程指令。在"路径与步骤"上点击鼠标右键，选择"创建路径"，然后将路径名字修改为"rPick"，如图 5-73 所示。

图 5-73　添加新路径 rPick

接着使用"手动线性"工具将机器人末端手爪移动至垛板上的右下角产品处，选中例行程序"rPick"，并点击"示教指令"，得到运行至产品抓取目标点的指令，将目标点名字修改为 pPick，如图 5-74 所示。

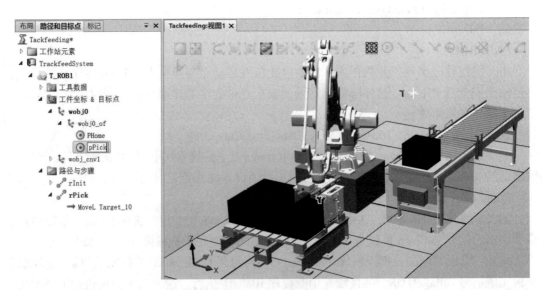

图 5-74　示教指令

同理，使用"基本"选项卡下的"同步"功能，选择"同步到 RAPID"。在弹出来的"同步到 RAPID"窗口中选择 rPick 例行程序，然后点击"确定"从而实现该例行程序从工作站到控制器的同步，如图 5-75 所示。

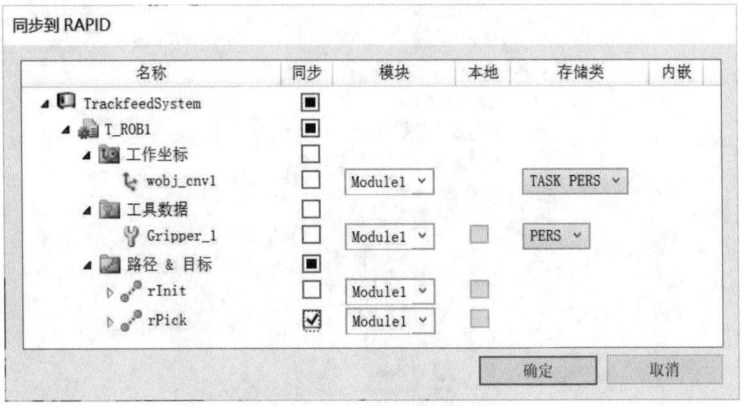

图 5-75　同步到 RAPID

同步完成后，切换至"RAPID"选项卡下，依次打开"T_ROB1"＞"Module1"＞"rPick"，对该例行程序进行补充编辑如下：

PROC rPick( )

MoveJ Reltool(pPick，0，0，-300)，v1000，fine，Gripper_1\WObj：=wobj0；

MoveL pPick，v1000，fine，Gripper_1\WObj：=wobj0；

Set doGrip；

WaitTime 0.2；

GripLoad loadFull；

WaitDI diGripOK，1；

MoveL Reltool(pPick，0，0，-300)，v1000，fine，Gripper_1\WObj：=wobj0；

TriggJ PHome，v1000，HookOn，fine，Gripper_1\WObj：=wobj0；！触发钩子执行钩住动作

ENDPROC

接下来编写机器人输送链跟踪上料程序。在"基本"选项卡下，设置当前编程的任务、工件坐标和所使用的工具，需要注意这里工件坐标使用 wobj_cnv1，如图 5-76 所示。

在软件右下角，设置编程使用的编程指令，如图 5-77 所示。

图 5-76　任务、工件坐标及工具设置

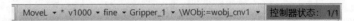

图 5-77　编程指令设置

在"路径与步骤"上点击右键，选择"创建路径"，然后将路径名字修改为"rFeed"，如图5-78所示。

图5-78　添加新路径 rFeed

接着使用"手动线性"工具将机器人末端手爪移动至输送链上的产品处，选中例行程序"rFeed"，并点击"示教指令"，得到上料目标点及路径，将目标点名字修改为 pFeeding，如图5-79所示。

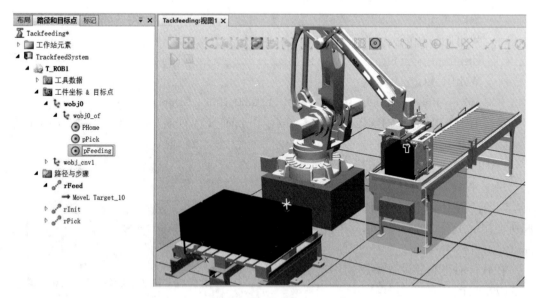

图5-79　示教指令

使用"基本"选项卡下的"同步"功能，选择"同步到 RAPID"。在弹出来的"同步到RAPID"窗口中进行相应的设置，如图5-80所示，然后点击"确定"从而实现该例行程序从工作站到控制器的同步。

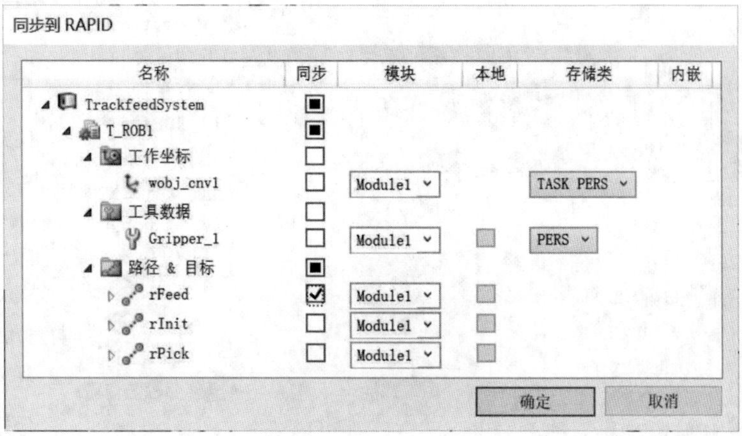

图 5-80　同步到 RAPID

切换至"RAPID"选项卡下,依次打开"T_ROB1">"Module1">"rFeed",对该例行程序进行补充编辑如下:

```
PROC rFeed( )
    MoveL Reltool(pFeeding, 0, 0, -300), v1000, fine, Gripper_1\WObj:=wobj_cnv1;
    TriggL pFeeding, v1000, HookOff, fine, Gripper_1\WObj:=wobj_cnv1;
    Reset doGrip;
    WaitTime 0.2;
    GripLoad loadEmpty;
    MoveL Reltool(pFeeding, 0, 0, -300), v1000, fine, Gripper_1\WObj:=wobj_cnv1;
    MoveL PHome, v1000, fine, Gripper_1\WObj:=wobj0;
ENDPROC
```

接下来,编写主例行程序。因输送链跟踪系统中默认有 main 例行程序,且 RAPID 程序规定有且只能有一个 main 程序。因此,在"路径与步骤"上点击右键,选择"创建路径",然后将路径名字修改为"rmain",后续可在 main 例行程序中去调用 rmain 例行程序。然后,在"rmain"上点击鼠标右键,选择"插入过程调用">"rInit",如图 5-81 所示。同理,接着选择"插入过程调用">"rPick"。

接下来要准备进行输送链上料,因此需要创建逻辑指令激活传送带。在 rmain 例行程序上点击鼠标右键,选择"插入逻辑指令",如图 5-82 所示。插入激活传送带的逻辑指令 ActUnit CNV1,如图 5-83 所示。

接着,再插入等待 wobj_cnv1 坐标的逻辑指令,如图 5-84 所示。

然后,在"rmain"上点击鼠标右键,选择"插入过程调用">"rFeed"。接着,再插入断开输送链上连接的工件坐标 wobj_cnv1 的逻辑指令,如图 5-85 所示。

最后,插入停止输送链的逻辑指令 DeactUnit CNV1,如图 5-86 所示。

图 5-81　插入过程调用

图 5-82　插入逻辑指令

图 5-83　激活输送链

图 5-84　等待工件坐标

使用"基本"选项卡下的"同步"功能，选择"同步到 RAPID"。在弹出来的"同步到 RAPID"窗口中进行相应的设置，如图 5-87 所示，然后点击"确定"从而实现该例行程序从工作站到控制器的同步。

图 5-85　断开工件坐标　　　　　　　　　　　　图 5-86　停止输送链

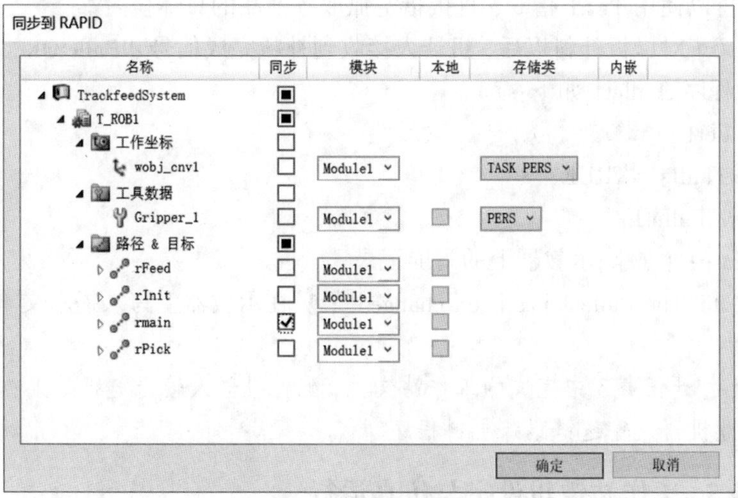

图 5-87　同步到 RAPID

切换至"RAPID"选项卡下,依次打开"T_ROB1">"Module1">"rmain",对该例行程序进行补充编辑如下:

```
PROC rmain( )
    rInit;
    WHILE TRUE DO
        IF Pallet1Full = TRUE THEN
            FOR j FROM 0 TO 1 DO
                FOR i FROM 0 TO 1 DO
                    pPick: = RelTool(pPickBase, 480 * i, -480 * j, 0);
                    rPick;
```

```
                    ActUnit CNV1;
                    WaitWObj wobj_cnv1;
                    rFeed;
                    DropWObj wobj_cnv1;
                    DeactUnit CNV1;
                ENDFOR
            ENDFOR
            Pallet1Full：=FALSE;
            IWatch iPallet1;
        ENDIF
        WaitTime 0.1;
    ENDWHILE
ENDPROC
```

这里垛板只有4个产品，如果产品较多时，可以再嵌套一层循环，用来控制Z方向产品的数目，也可以使用TEST指令，直接指定抓取各产品的具体位置。

另外，当叉车对垛板补料以后，机器人接收到补料完成信号diPalletOK，将触发中断程序执行。中断程序rPallet1如下：

```
TRAP rPallet1
    Pallet1Full：=TRUE;
    ISleep iPallet1;
    TPErase；！擦除示教器上的写屏记录
    TPWrite" The Pallet1 has been changed"；！在示教器上写入提示文本
ENDTRAP
```

【练一练】打开任务3中完成的工作站文件，配置机器人输送链跟踪上料信号，进行机器人编程，创建机器人输送链跟踪上料程序。

5.5.5　任务5　工作站逻辑设定与仿真运行

本任务主要完成Smart组件与机器人的信号通信。在"仿真"选项卡中，单击"工作站逻辑"，设置信号连接，如图5-88至图5-90所示。

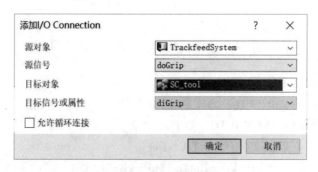

图5-88　信号连接设置1

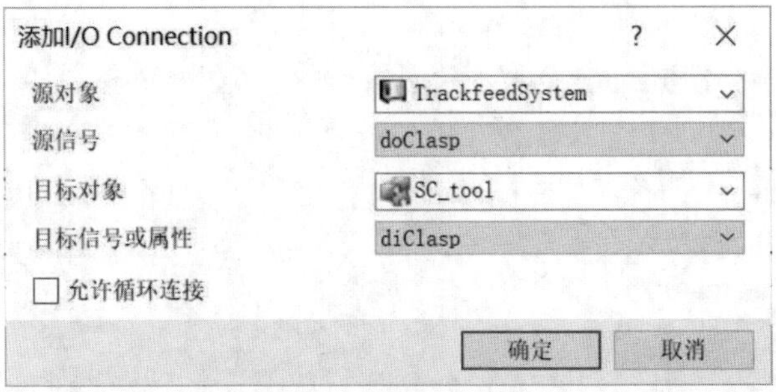

添加I/O Connection　　　　　?　×

源对象　　　　　　　TrackfeedSystem　∨
源信号　　　　　　　doClasp　∨
目标对象　　　　　　SC_tool　∨
目标信号或属性　　　diClasp　∨
☐ 允许循环连接

确定　　　取消

图 5-89　信号连接设置 2

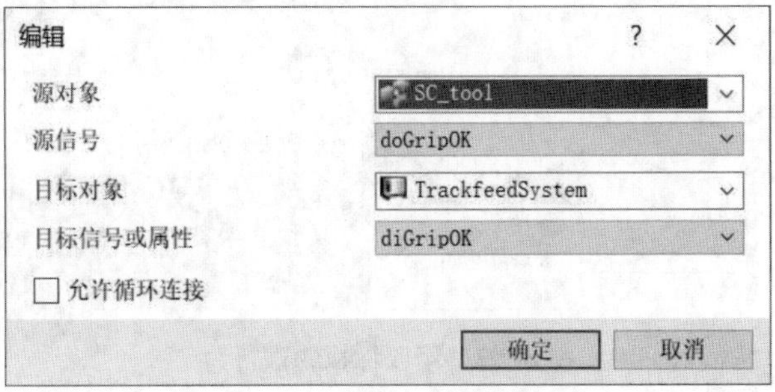

编辑　　　　　　　　　　　?　×

源对象　　　　　　　SC_tool　∨
源信号　　　　　　　doGripOK　∨
目标对象　　　　　　TrackfeedSystem　∨
目标信号或属性　　　diGripOK　∨
☐ 允许循环连接

确定　　　取消

图 5-90　信号连接设置 3

为了真实地展现产品随托盘运动的仿真效果，还需要对产品和垛板的物理行为进行设置。首先，把垛板上产品的物理行为修改为"动态"，如图 5-91 所示。

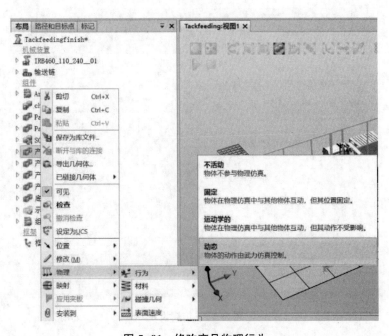

图 5-91　修改产品物理行为

接着把垛板的物理行为修改为"固定"，如图 5-92 所示。

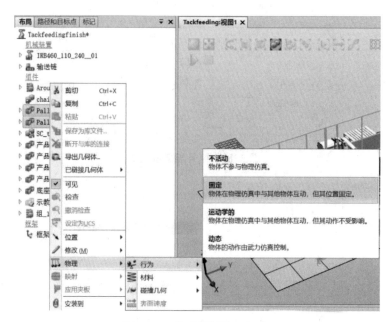

图 5-92 修改垛板物理行为

下面仿真运行工作站，步骤如下：

(1)进入"仿真设定"，勾选所有仿真对象，如图 5-93 所示。

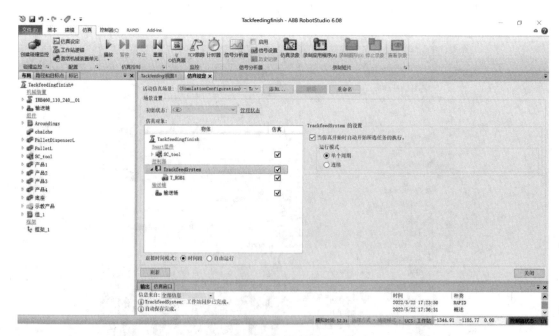

图 5-93 仿真设定

（2）打开仿真功能选项卡中的 I/O 仿真器，选择系统为 TrackfeedSystem，单击"播放"按钮，如图 5-94 所示。

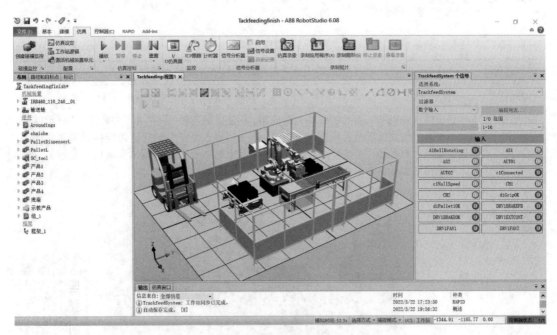

图 5-94　仿真运行

此时就能看到机器人能够不断抓取垛板上的产品，对输送链上的托盘进行跟踪上料。

【**练一练**】打开任务 4 中完成的工作站文件，设置工作站逻辑控制信号，进行机器人输送链跟踪上料工作站的调试和仿真运行。

5.6 项目考评

表 5-3 项目考评表

项目名称	工业机器人输送链跟踪上料离线编程与仿真			
姓名		日期		
项目要求	本项目围绕工业机器人输送链跟踪上料应用，创建机械装置——手爪，并使用 Smart 组件创建动态夹具。创建输送链及机器人系统，并建立机器人系统与输送链的连接。编写机器人输送链跟踪上料程序，完成机器人抓料、上料及中断服务程序的调试和运行。最后实现机器人对输送链上托盘的跟踪上料			

序号	考查项目	考查要点	评价结果
1	知识	1. 工业机器人输送链跟踪上料工作站的基本组成	□掌握　□初步掌握　□未掌握
		2. RobotStudio 中机械装置的种类	□掌握　□初步掌握　□未掌握
		3. 常用功能 Reltool 和 CRobt	□掌握　□初步掌握　□未掌握
		4. 常用的动作触发指令	□掌握　□初步掌握　□未掌握
		5. 中断的概念及常用中断指令	□掌握　□初步掌握　□未掌握
2	技能	1. 创建机械装置——手爪	□优秀　□良好　□一般　□继续努力
		2. 使用 Smart 组件创建动态夹具，实现手爪抓紧、钩住、打开放置等动画效果	□优秀　□良好　□一般　□继续努力
		3. 创建输送链，添加机器人系统并建立两者连接	□优秀　□良好　□一般　□继续努力
		4. 配置信号并创建机器人输送链跟踪上料程序、中断服务程序等	□优秀　□良好　□一般　□继续努力
		5. 设定工作站逻辑，进行机器人输送链跟踪上料仿真调试和运行，验证工艺节拍	□优秀　□良好　□一般　□继续努力
3	素养	爱岗敬业、拼搏进取	□优秀　□良好　□一般　□继续努力
		沟通交流、团结协作	□优秀　□良好　□一般　□继续努力
学习体会			

5.7　项目拓展

　　在如图 5-95 所示的工业机器人输送链跟踪上料仿真工作站中，创建机器人输送链跟踪上料程序，实现机器人能从左右两侧工位上抓取产品，对输送链上的托盘进行跟踪上料。比一比哪个小组在规定时间内完成跟踪上料的产品数量多。

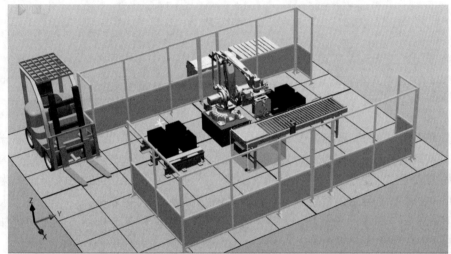

图 5-95　拓展任务

项目 6
工业机器人激光切割离线编程与仿真

6.1 项目背景

"一国两制"在香港的实践走过了二十多年非凡历程，取得了举世公认的成功。"一国两制"是中国共产党执政过程中的伟大创新和实践。我们坚信只要毫不动摇坚持"一国两制"，香港的未来一定会更加美好，一定能为中华民族伟大复兴做出新的更大贡献。为了庆祝香港回归祖国 25 周年，学校组织了庆祝香港回归祖国 25 周年展览。小科也想为庆祝香港回归祖国 25 周年献上一份礼物，大智老师提议："我们使用工业机器人激光切割加工一个作品来纪念香港回归 25 周年吧！"

6.2 学习目标

知识目标：
- 了解工业机器人激光切割工作站的基本组成；
- 掌握机器人轴配置数据与奇异点的管理；
- 掌握机器人速度相关设置；
- 掌握程序停止指令。

能力目标：
- 能创建机器人自定义工具；
- 能创建机器人轨迹曲线与程序；
- 能进行目标点及轴配置参数调整；
- 能对机器人激光切割运动轨迹程序进行调整和完善；
- 会使用离线轨迹编程辅助工具——TCP 跟踪；
- 能对工具和零件进行标定；
- 能在线编辑和调试程序。

素养目标：
- 学习激光精准、专注的品格，培养严谨细致、精益求精的工作态度。

- 在机器人激光切割离线编程的过程中，培养分析问题、解决问题的能力和工程思维。
- 了解香港回归祖国的历史和"一国两制"战略，厚植家国情怀，培育创新精神。

6.3　项目分析

近年来激光切割广泛应用于汽车、航空航天、机床和船舶、装饰装潢和广告、厨具灯饰和家用电器等领域。本项目以工业机器人激光切割应用为载体，介绍 RobotStudio 的图形化编程方法，利用三维模型的几何特征，自动转换成机器人的运动轨迹。本项目采用串联型六轴机器人 IRB2600 实现庆祝香港回归祖国 25 周年纪念品的激光切割，该机器人激光切割仿真工作站如图 6-1 所示。本项目首先创建自定义工业机器人激光切割工具，在分析机器人运行轨迹的基础上，通过自动路径得到机器人激光切割路径，然后进行机器人激光切割运行轨迹程序的完善与调试，并介绍了 TCP 跟踪功能和 Smart 组件的使用，最后进行在线调试。

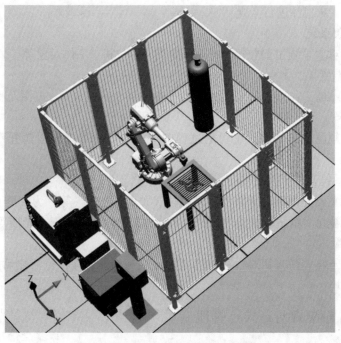

二维码

图 6-1　机器人激光切割仿真工作站

6.4 知识链接

6.4.1 工业机器人激光切割工作站的基本组成

激光切割是利用经过聚焦的高功率、高能量密度的激光束照射工件,使被照射的材料迅速熔化、汽化、烧蚀或达到燃点,同时借助于与激光束同轴的高速气流吹掉熔融的材料,实现对材料的切割或雕刻,属于热切割方法。通常机器人激光切割工作站由以下设备组成:

(1)机器人及其辅助安装设备

主要包括机器人本体、机器人控制器及其辅助安装设备,例如底座、导轨、门架等。

(2)控制系统

机器人工作站的控制系统通常为 PLC,为激光切割提供激光、电气的控制。

(3)激光系统

根据激光切割的需要,在机器人第 6 轴法兰盘安装激光切割头。同时,配备激光发生设备来生成激光,对工件进行激光切割。

(4)作业对象系统

机器人作业对象系统主要包括工作台、夹具、变位机、工作对象等。

(5)动力源装置

机器人工作站的工作需要有动力源装置提供动力,例如气源、电源及稳压设备等。

(6)冷却设备

由于激光切割属于热切割,在切割过程中要配备冷却装置,以防止激光器及切割头过热。

(7)保护气系统及安全防护装置

保护气系统主要提供切割所需的辅助气体,如氧气、氮气等。为了防止不必要的安全事故,需要为机器人工作站添加安全防护装置,例如安全护栏、安全光栅等。

(8)除尘装置

除尘装置用于收集激光切割过程中产生的废气和粉尘,并在过滤之后排放到室外,以保证良好工作环境。

6.4.2 机器人轴配置与奇异点管理

(1)轴配置数据 confdata

当自动配置计算机器人相关的轴位置时,通常可能存在两种或多种的解决方案。也就是说机器人达到相同的位姿,即工具处于相同的位置且具有相同的方向,机器人各关节具有多种不同的位置或配置组合。为明确表示可能配置,通过使用四个轴的值来指定机器人配置。

轴配置数据 confdata 的格式如下:

VAR <数据类型 confdata> <名称>: = [cf1 of num, cf4 of num, cf6 of num, cfx of num];

ABB 机器人通常使用轴 1、轴 4、轴 6 以及 cfx 值共同组成轴配置数据。cfx 用于从编号 0 到 7 的八种可能的机器人配置中选择一种，详见 ABB 机器人 RAPID 指令、函数和数据类型使用手册。

对于旋转轴，该值定义机器人轴的当前象限。将象限编号为 0、1、2 等(其亦可为负)。象限编号与轴的当前关节角相关。

对于 6 轴机器人，象限 0 为从零位开始正向旋转的第一个四分之一圈，即 0°到 90°；象限 1 为第二个四分之一圈，即 90°到 180°，以此类推。象限-1 为 0°到(-90°)的四分之一圈，以此类推。

对于 7 轴机器人，象限 0 是以零位为中心旋转的四分之一圈，即-45°到 45°；象限 1 是正向旋转的第二个四分之一圈，即 45°到 135°，以此类推。象限-1 是-45°到-135°的四分之一圈，以此类推。

对于线性轴，该值规定有关机械臂轴的间隔距离。对于各个轴，值 0 意味着一个介于 0 到 1 米之间的位置，值 1 意味着一个介于 1 到 2 米之间的位置。对于负值，-1 意味着一个介于-1 到 0 米之间的位置，以此类推。

例如：

VAR confdata conf15：=[1, -1, 0, 0]；

假设 conf15 是有关一种涂漆机械臂类型的机械臂配置，conf15 的含义如下：

机械臂轴 1 的轴配置为象限 1，即 90~180°。

机械臂轴 4 的轴配置为象限-1，即 0~(-90°)。

机械臂轴 6 的轴配置为象限 0，即 0~90°。

对于涂漆机械臂，针对轴 5 来使用 cfx，机械臂轴 5 的轴配置为象限 0，即 0~90°。

(2)ConfL 与 ConfJ 指令

ConfL 指令用于线性运动或圆弧运动的轴配置控制，指定机器人在线性运动及圆弧运动过程中是否严格遵循机器人程序中已设定的轴配置参数，影响的是 MoveL 或 MoveC。

ConfJ 是关节运动过程中的轴监控开关，影响的是 MoveJ。

例如，机器人线性运动至目标点 p20，数据[1, 0, 1, 0]是其轴配置数据。可将机器人线性运动中的轴监控关闭：

ConfL /Off；

MoveL p20, v100, fine, tool0；

(3)SingArea 奇异点插补管理指令

SingArea 是在工业机器人运动时，在奇异点附近设定插补方式的指令。当机器人的关节轴 4 和轴 6 角度相同而轴 5 的角度为零时，机器人处于奇异点。应尽量避免机器人运动轨迹进入奇异点，在编程时也可使用 SingArea 指令让机器人自动规划运动轨迹经过奇异点时的插补方式。

例如：

SingArea \Wrist；! 允许轻微改变工具的姿态，以便通过奇异点

SingArea \Off；! 关闭自动插补

综上所述，在轨迹运行过程中出现"机器人当前位置无法跳转到目标点位置，请检查轴配置"等问题时，可从以下几项措施着手进行更改：

①尝试使用不同的轴配置参数，如有需要可勾选"包含转数"之后再选择轴配置参数。

②尝试更改轨迹起始点位姿。

③尝试更改机器人无法跳转的目标点的位姿。

④运用 SingArea、ConfL、ConfJ 等指令。

6.4.3 机器人速度相关设置

机器人的运行速度是生产中十分重要的问题，因为它直接影响生产效率。下面介绍机器人速度相关的数据类型及指令。

（1）速度数据 speeddata

速度数据 speeddata 用于规定机器人和外轴均开始移动时的速率，速度数据定义以下速率[v_tcp, v_ori, v_leax, v_reax]。

v_tcp，Num 数据类型，工具中心点移动的速率，如果使用固定工具或协调外轴，则规定相对于工件的速率。

v_ori，Num 数据类型，工具的重定位速度，如果使用固定工具或协调外轴，则规定相对于工件的速率。

v_leax，Num 数据类型，线性外轴移动的速率，mm/s。

v_reax，Num 数据类型，旋转外轴移动的速率，(°)/s。

例如：

CONST speeddata speedVmax：=[2000, 30, 1500, 30]；

！ TCP 的线性运动速度 2000 mm/s，tool1 重定位速度 30°/s；

！ 如果有外部轴，外轴线性运动速度 1500 mm/s，旋转速度 30°/s；

CONST speeddata speedVmin：=[800, 20, 600, 20]；

！ TCP 的线性运动速度 800 mm/s，tool1 重定位速度 20°/s；

！ 如果有外部轴，外轴线性运动速度 600 mm/s，旋转速度 20°/s；

当结合多种不同类型的移动时，其中一个速率经常会限制其他运动，减小其他运动的速率，以便所有运动同时停止执行。

（2）VelSet 速度设置指令

VelSet 用于增加或减少后续定位指令的编程速度，直至执行新的 VelSet 指令，例如：

VelSet 80, 700；

！ 80 是指速度倍率，即速率降至指令中值的 80%。

！ 700 是指最大 TCP 速率，该值限制当前最大 TCP 速率，为 700 mm/s。

（3）AccSet 加速度设置指令

AccSet 指令用于修改加速度。使用 AccSet，可允许更低的加速度和减速度，使得机械臂的移动更加顺畅，例如：

AccSet 50, 80；

！ 50 是加速度和减速度占正常值的百分比，为 50%。

！ 80 是加速度和减速度增减速率占正常值的百分比，为 80%。

（4）SpeedRefresh 更新速度倍率指令

SpeedRefresh 指令用于更新当前运动的速度倍率。例如：

VAR num change_speed：=70；

SpeedRefresh change_speed；

这里定义了一个数值型的变量 change_speed 等于 70，然后改变当前运动程序任务中的机械臂移动的速度，把当前速度改变为 70%。

6.4.4　程序停止指令

下面介绍程序停止指令：

(1)EXIT 指令

EXIT 用于终止程序执行，并禁止在停止处再开始，随后仅可以从主程序第一个指令重启程序。EXIT 适用于出现致命错误或永久停止程序执行。执行该指令后，程序指针消失，为了继续程序执行，需要重新设置程序指针。例如：

MoveL p10，v100，z30，tool1；

EXIT；

程序停止执行，且无法从程序中的该位置继续执行，需要重新设置程序指针。

(2)Stop 指令

Stop 用于停止程序执行。在 Stop 指令执行结束之前，将完成当前执行的所有移动任务。Stop 指令可以同时停止当前正在执行的逻辑任务与运动任务。例如：

MoveL p10，v100，z30，tool1；

Stop；

MoveL p20，v100，z30，tool1；

当机器人向 p10 移动的过程中，Stop 指令就绪时，机器人仍将继续运动到 p10 停止。如果想继续执行机器人运动至 p20 的指令，不需要再次设置程序指针。

(3)Break 指令

出于程序调试的目的，Break 指令常用于立即中断程序执行，机械臂立即停止运动。例如：

MoveL p10，v100，z30，tool1；

Break；

MoveL p20，v100，z30，tool1；

当机器人向 p10 移动的过程中，Break 指令就绪时，机器人立即停止运动。如果想继续执行机器人运动至 p20 的指令，同样不需要再次设置程序指针。

除此以外还有 SystemStopAction 停止机器人系统，StopMove 停止机械臂移动等指令，具体使用方法请参考 RAPID 指令、函数和数据类型技术手册。

6.5　项目实施

6.5.1　任务 1　创建机器人自定义激光切割工具

本节以工业机器人激光切割工具为例，介绍如何对导入的激光切割头模型进行操作处理，使其具有工具的特性。

如前所述，机器人工具安装到机器人第 6 轴末端法兰盘的基本原理为：工具模型的本地坐标系与机器人末端腕坐标系 Tool0 重合，工具末端的工具坐标系框架作为机器人的工具坐标系 TCP。如果希望在构建工业机器人工作站时，机器人末端法兰盘能够正确安装用户自定义工具，需要按照以下 3 个步骤操作。

（1）设定工具本地原点

设定工具本地原点通常遵循如图 6-2 所示流程。

首先调整工具的姿态，使工具的安装面处于水平位置。然后通过反复设定工具的本地原点，设定工具的位置至大地原点，直到工具的本地原点与大地原点重合，本地坐标系的方向与大地坐标系的方向一致。以下为本项目中设定工具本地原点的操作：

第 1 步，导入工具的模型，如图 6-3 所示。

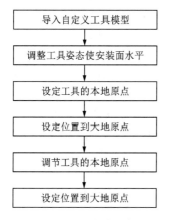

图 6-2　设定工具本地原点流程图

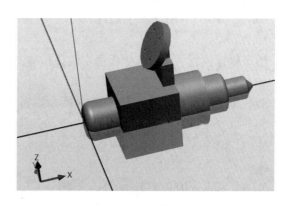

图 6-3　激光切割头工具模型

第 2 步，为了将工具的安装面放置于水平面，使用三点法来重新放置工具，如图 6-4 所示。

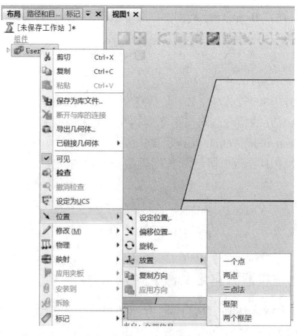

图 6-4　三点法放置

在工具模型上点击鼠标右键，选择"位置">"放置>"三点法"，分别在自定义工具法兰底面上选择 3 个点，在 XOY 平面上选择 3 个点，如图 6-5(a)所示。点击"应用"，这样将自定义工具的法兰盘放置到水平面上，从而满足工具的安装面水平的要求，如图 6-5(b)所示。

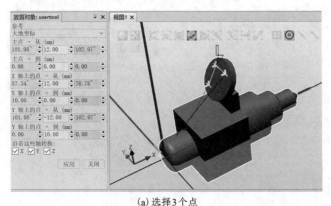

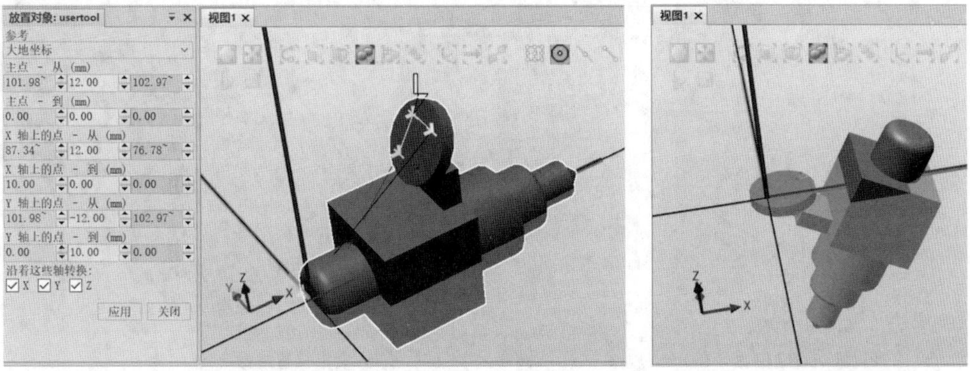

(a) 选择3个点　　　　　　　　　　　　(b) 法兰盘水平

图 6-5　三点法放置工具模型

　　第 3 步，设定工具模型的本地原点。在工具模型上点击鼠标右键，选择"修改>设定本地原点"，借助于"捕捉中心点"辅助工具，将工具模型的本地原点设置于法兰盘的底面圆心，如图 6-6、图 6-7 所示。

图 6-6　设定本地原点

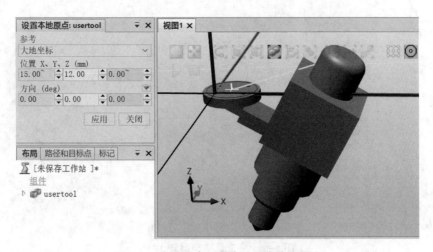

图 6-7　本地原点设置在法兰盘底面圆心

第4步，点击"位置"，选择"设定位置"，将工具模型移动至大地坐标系原点处，如图6-8所示。

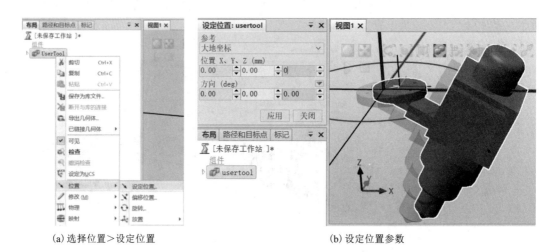

(a) 选择位置>设定位置　　　　　　　　　　(b) 设定位置参数

图 6-8　将工具位置设定为大地原点

（2）设定工具坐标系框架

下面对设定工具坐标系框架的具体操作步骤进行说明。首先将工具翻转180°，以便于设定工具坐标系框架。在工具模型上点击鼠标右键，选择"位置">"旋转"，设定旋转参考"大地坐标系"，绕 Y 轴旋转180°，如图6-9所示。

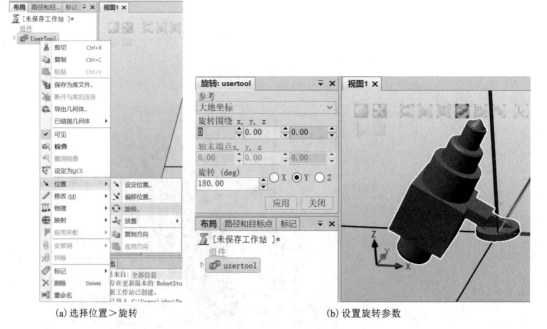

(a) 选择位置>旋转　　　　　　　　　　(b) 设置旋转参数

图 6-9　将工具模型翻转 180°

注意，如果工具翻转后是图 6-10 所示状态，则还需重设工具模型的本地坐标系，要使得工具本地坐标系 Z 轴方向从法兰盘底面圆心指向工具顶端，本地坐标系 X 轴的反方向从法兰盘底面圆心指向工具根部，且本地坐标系方向与大地坐标系的方向一致，否则工具将无法以正确姿态安装至机器人末端法兰盘。

接着，创建工具坐标系框架。在"建模"选项卡下面，选择"框架">"创建框架"。在工具末端创建框架，框架位置选择工具末端平面圆心，如图 6-11 所示。

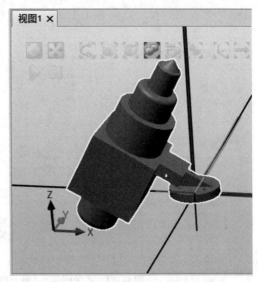

图 6-10　错误的本地坐标系方向

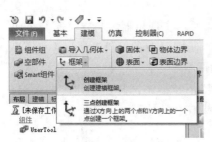

（a）选择框架>创建框架

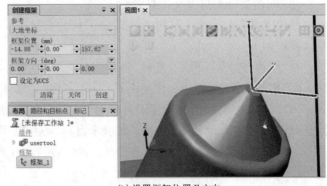

（b）设置框架位置及方向

图 6-11　创建工具坐标系框架

一般期望工具坐标系的 Z 轴与工具顶端表面垂直，如图 6-12 所示。在 RobotStudio 中的坐标系，蓝色表示 Z 轴正方向，绿色表示 Y 轴正方向，红色表示 X 轴正方向。

因此，需要修改所创建工具坐标系框架的方向，使其 Z 轴方向垂直于工具顶端平面。在上一步创建的框架_1 上点击鼠标右键，选择"设定为表面的法线方向"。选择参照的"表面或部分"是工具顶端的平面，选择要"接近方向"为 Z 方向。由于激光切割为非接触式作业，因此勾选"在表面上投影的点"并设置偏移 1.5 mm，点击"应用"。这样将框架的 Z 方向修改为与工具顶端表面垂

图 6-12　工具坐标系示意图

直，且相对于表面的投影点偏移 1.5 mm，如图 6-13 所示。

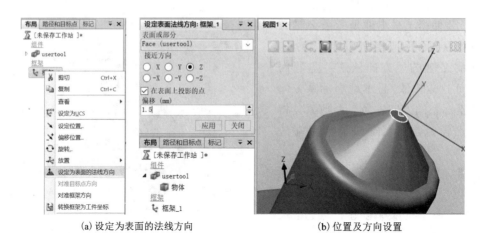

(a) 设定为表面的法线方向　　　　　(b) 位置及方向设置

图 6-13　Z 轴设定为表面法线方向，偏移 1.5 mm

（3）创建机器人自定义工具

创建机器人自定义工具时需要设定工具的重量、重心位置、转动惯量和 TCP 等参数。具体操作如下：

在"建模"选项卡下面，选择"创建工具"，如图 6-14 所示实现机器人自定义工具的创建。在"创建工具"窗口下，设定工具"Tool 名称"，选择"使用已有的部件"为工具的模型 usertool1，并按照实际情况设定工具的重量、重心和转动惯量等。接着，设定"TCP 名称"，注意只能以英文来命名 TCP，在"数值来自目标点/框架"下拉框中选择已创建的框架_1，并点击右侧的箭头，将其作为工具 TCP，软件将自动获得 TCP 的位置、方向信息，然后点击"完成"。

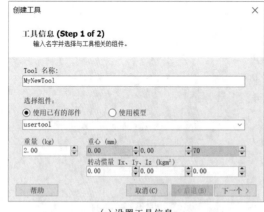
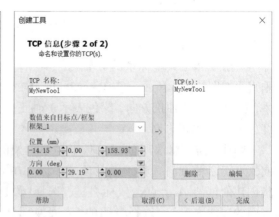

(a) 设置工具信息　　　　　　　　(b) 设置 TCP 信息

图 6-14　创建工具

工具创建完成之后，导入机器人 IRB2600，并安装自定义工具，以测试其能否正确安装至机器人。将创建完成的自定义工具安装至机器人后，如图 6-15 所示。

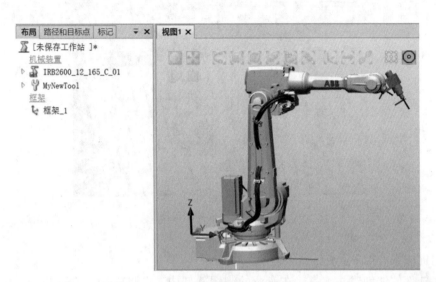

图 6-15 自定义激光切割工具安装至机器人

【练一练】根据提供的工具模型，设定工具的本地原点，创建工具坐标系框架，并创建机器人自定义激光切割工具。

要求：设定工具参数，创建的机器人自定义激光切割工具能准确地加载到机器人第 6 轴末端法兰盘处。

6.5.2 任务 2 创建机器人离线轨迹曲线及程序

在工业机器人应用中，常常需要处理一些不规则曲线或曲面。通常采用在线示教相应数量的目标点来编写机器人程序。但是这种生成机器人轨迹程序的方法费时、费力，而且轨迹的精度难以保证。本任务以机器人激光切割庆祝香港回归祖国 25 周年纪念品为载体，介绍机器人激光切割轨迹曲线和程序的创建流程和方法。

在 RobotStudio 中获取图形曲线，通常有以下 3 种方法：

①创建曲线。在"建模"选项卡下，点击"表面边界"，然后在模型窗口中选择工件的上表面，将在"选择表面"下方显示已选择的表面名称，如图 6-16 所示。

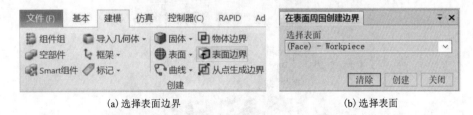

(a) 选择表面边界　　　　　　　　　　　(b) 选择表面

图 6-16 表面边界

创建生成的沿模型轮廓的机器人激光切割曲线如图 6-17 所示。

②直接捕捉 3D 模型的边缘进行轨迹曲线和路径的创建。在创建自动路径时，直接用

图 6-17　激光切割曲线

鼠标去捕捉边缘，从而生成机器人运动路径。

　　③在外部软件创建并导入。在专业的制图软件中，比如在 UG、SolidWorks、Pro/E 等软件中处理一些复杂的 3D 模型，在数字模型的表面绘制相关曲线，或者使用 AutoCAD 绘制相关模型的曲线，然后导入 RobotStudio 并根据这些已有的曲线直接转换成机器人轨迹及程序。

　　本任务采用上述的第 2 种方法生成机器人激光切割路径。在 RobotStudio 中机器人的每条路径(Path)对应于一个机器人例行程序。生成机器人激光切割路径时，要根据实际情况，选取合适的近似值参数选项并调整数值大小。通常需要创建工件坐标以方便进行编程以及路径修改。生成机器人激光切割曲线及程序的操作步骤如下：

　　①创建工件坐标。在"基本"选项卡中选择"其它"，然后选择"创建工件坐标"，工件坐标具体创建过程参照 2.5.3 节。创建的工件坐标如图 6-18 中 A 所示。

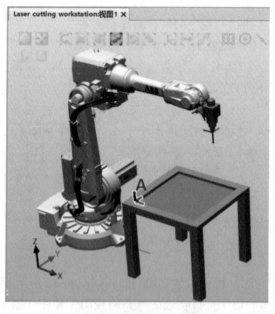

图 6-18　创建的工件坐标

②设定机器人当前任务，并设定编程所使用的工件坐标和工具 TCP，如图 6-19 所示。

图 6-19　设置当前任务、工件坐标和工具 TCP

③设定机器人的运动指令，如图 6-20 所示。

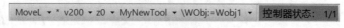

图 6-20　设置运动指令

④使用自动路径功能创建机器人运动路径。在"基本"选项卡中，选择"自动路径"，自动路径功能窗口如图 6-21 所示。

下面对自动路径窗口中的重要选项进行说明：

图 6-21　自动路径窗口

●反转：在生成机器人运动路径时，默认方向是顺时针，勾选反转则变为逆时针。

●参照面：指生成的目标点 Z 轴垂直的面。

●线性：在曲线的所有区域生成线性指令。

●圆弧运动：在是直线的地方生成线性指令，在圆弧的地方生成圆弧指令。

●常量：在曲线的所有区域生成等距离的目标点。

●最小距离：小于该距离的点之间不再生成目标点。

●最大半径：指在使用圆弧运动的情况下，大于该半径数值的曲线部分将认为是直线，小于该半径数值的曲线部分才认为是圆弧。

●公差：改变目标点的误差，能调整目标点的疏密。公差数值越小，目标点越密；反之，公差数值越大，目标点越稀疏。

注意：使用自动路径功能生成机器人路径时，要根据不同的几何特征来选择不同的近似值参数类型。

在使用自动路径时，直接用鼠标去捕捉模型边缘。在图形窗口中使用鼠标左键选择模型的边缘，同时按住 shift 键，即可自动捕捉模型的外轮廓边缘，如图 6-22 所示。

这里设定以模型的上表面为参考面，并设置近似值参数为圆弧运动，调节最小距离、最大半径及公差直至获得分布恰当的目标点。设定完成后，自动生成的机器人路径 Path_10 如图 6-23 所示。

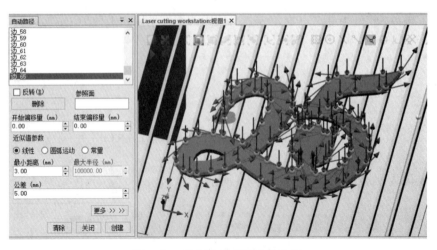

图 6-22 选择模型边缘生成路径

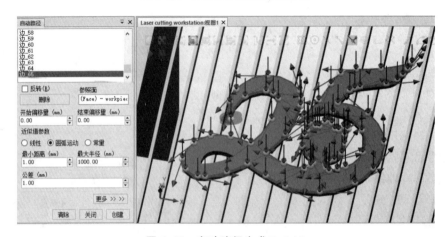

图 6-23 自动路径生成 Path10

【练一练】解包工作站，加载自定义机器人激光切割工具、工作台及纪念品模型，使用图形化编程的方法（自动路径法），沿着图 6-24 所示的纪念品模型的边缘创建切割轨迹曲线和程序。

图 6-24 纪念品模型

6.5.3　任务 3　机器人目标点及轴配置参数调整

本任务介绍如何修改目标点的姿态，并对路径中的目标点进行轴配置，让机器人能够到达路径中的各个目标点，进一步修改和完善程序并进行仿真调试。

（1）机器人目标点调整

当机器人路径中的某些目标点无法到达时，就需要修改机器人目标点。目标点调整方法有多种，通常是综合运用多种方法进行调整。调整的过程中先对单一目标点进行调整，其他目标点某些属性可以参考调整好的第一个目标点进行方向对准。

首先，查看路径中各个目标点处的工具姿态。在要查看工具姿态的目标点上，单击鼠标右键选择"查看目标处工具"，如图 6-25 所示。此时在模型窗口中会显示工具位于该目标点时的姿态，由此去观察和判断工具的姿态是否合理。

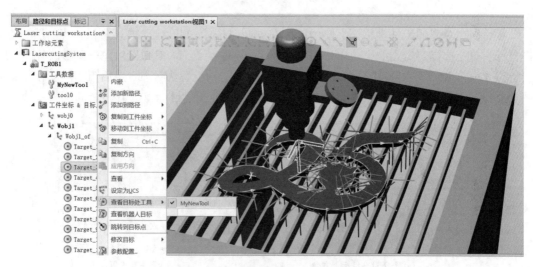

图 6-25　观察目标点处的工具姿态

如果发现有些目标点上的工具姿态不合理，则应当修改目标点。例如，在需要修改的目标点 Target_30 上，点击鼠标右键，选择"修改目标"，然后选择"旋转"，如图 6-26 所示。

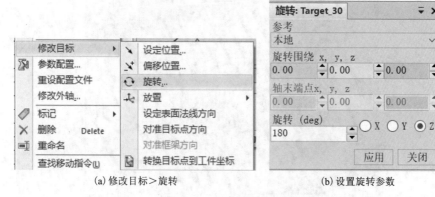

（a）修改目标＞旋转　　　　　　　　　（b）设置旋转参数

图 6-26　修改目标点姿态

旋转后的工具法兰盘朝向机器人，如图 6-27 所示。

图 6-27　修改后的工具姿态

接着，在对应的工件坐标下，使用鼠标左键同时按住 Shift 键选中其余目标点，然后点击鼠标右键，选择"修改目标"中的"对准目标点方向"，设置"参考"为上一步修改完成的目标点 Target_30，"对准轴"选择 X 轴或者 Y 轴，锁定轴设置为 Z 轴，然后点击"应用"，如图 6-28 所示，从而以目标点 Target_30 为对准的目标将其余目标点的方向全部调整完成。

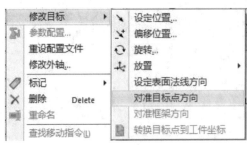

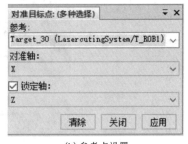

(a) 选择对准目标点方向　　　　　　　　　(b) 参考点设置

图 6-28　对准目标点方向

完成目标点调整后的路径如图 6-29 所示。

图 6-29　目标点调整后的机器人路径

（2）轴配置参数调整

如前所述，机器人到达同一目标点可能存在多种关节轴角度的组合，即多种轴配置参数。所以，需要为自动生成的路径进行轴配置参数调整。

在对应的路径上（例如 Path10）单击鼠标右键，如图 6-30 所示，单击"自动配置"，选择"线性/圆周移动指令"或者"所有移动指令"，软件将自动为路径中的各目标点选择合适的轴配置参数。

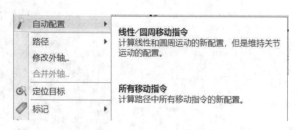

图 6-30　自动配置

还可专门对路径中的某些目标点修改轴配置参数。在对应的目标点上单击鼠标右键，选择"参数配置"，弹出"配置参数"对话框，如图 6-31 所示。选择好轴配置参数后，单击"应用"。

注意若有多段路径时，应对各条路径分别进行自动配置。例如先进行 Path_10 路径的轴配置参数调整，然后进行 Path_20 路径轴配置参数调整，然后进行 Path_30 路径轴配置参数调整……以此类推。

（3）完善程序并仿真运行

接下来先完善机器人路径，为其添加轨迹起始接近点、轨迹结束离开点以及安全位置 PHome点，并修改 PHome 点、轨迹起始处、轨迹过渡处、轨迹结束处的运动类型、速度、转弯半径等参数。创建的运动指令中有些参数需要进行修改，既可以进行单个运动指令修改，也可以进行多个运动指令同时修改。下面是具体操作：

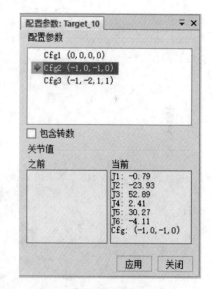

图 6-31　配置参数对话框

①添加轨迹起始接近点。既可以直接示教轨迹起始接近点，也可以复制轨迹起始目标点并偏移，这里采用第 2 种方法。在 Path_10 的轨迹起始目标点 Target_10 上点击鼠标右键，选择"复制"，然后"粘贴"生成 Target_10 的副本 Target_10_2。接着在目标点 Target_10_2 上点击鼠标右键，选择"修改目标" > "偏移位置"，如图 6-32 所示。

在偏移位置窗口的 Translation 移动选项中，将 Z 方向数值修改为−100，使 Target_10_2 相对于 Target_10 沿着本地坐标系的 Z 方向偏移−100 mm，如图 6-33 所示。

然后，在目标点 Target_10_2 上点击鼠标右键，选择"添加到路径" > "Path_10" > "第

图 6-32　偏移目标点位置

图 6-33　轨迹起始接近点位置

一", 把调整好位置的目标点 Target_10_2, 添加到路径 Path_10 开始位置, 如图 6-34 所示。

②添加轨迹结束离开点。其操作与添加轨迹起始接近点类似, 把调整好位置的目标点 Target_10_2, 添加到路径的"最后", 如图 6-35 所示。

③添加安全位置 PHome 点。为机器人示教一个安全点, 安全点一般在 wobj0 坐标系下创建, 如图 6-36 所示。

图 6-34 添加轨迹起始接近点到路径

图 6-35 添加轨迹结束离开点到路径

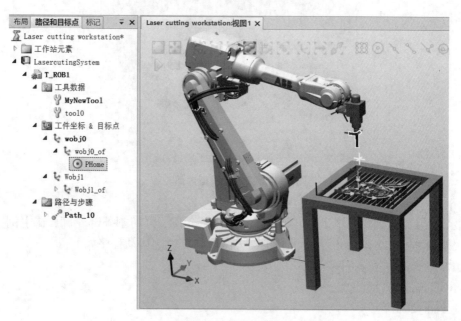

图 6-36 示教安全点

同理，把示教得到的安全点添加至路径 Path_10 的"第一"和"最后"，添加步骤与添加轨迹起始接近点和轨迹结束离开点类似，不再做详细说明。

④修改 PHome 点、轨迹起始处、轨迹结束处附近的运动类型、速度、转弯半径等参数。PHome 点、轨迹起始接近点处、轨迹结束离开点处的运动类型建议设置为关节运动。为保证切割的精度，轨迹起始点处和轨迹结束点处不能设置转弯半径。从轨迹起始接近点处到轨迹起始点的速度可适当调小。注意最后回安全点的指令，因为没有下一目标点，应当使用 fine，例如：

MoveJ PHome，v200，fine，MyNewTool\WObj：=wobj0；

⑤路径修改以后，需要重新为路径自动配置参数。

⑥在"基本"功能选项卡下的"同步"菜单中单击"同步到 RAPID"。

⑦单击"仿真设定"进行设定，对需要查看的路径 Path_10 进行选择，单击"仿真"选项卡中的"播放"，查看机器人沿 Path_10 运动的情况，判断是否满足需要。

如图 6-37 所示，按照以上步骤继续对该模型内部的轮廓进行处理，得到机器人沿模型内部轮廓运动的路径。

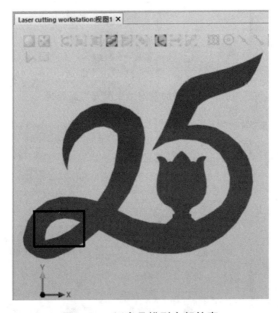

图 6-37　纪念品模型内部轮廓

最后，编写主例行程序，先切割纪念品的内部轮廓，再切割外部轮廓，在主例行程序中依次调用 Path_20 和 Path_10，得到机器人激光切割轨迹运动程序如下：

```
MODULE Module1
    PROC main( )
        Path_20；
        Path_10；
    ENDPROC
    PROC Path_10( )
        MoveJ PHome，v200，z0，MyNewTool\WObj：=wobj0；
```

MoveJ Target_10_2, v200, z0, MyNewTool\WObj：=Wobj1;
MoveL Target_10, v200, fine, MyNewTool\WObj：=Wobj1;
MoveC Target_20, Target_30, v200, z0, MyNewTool\WObj：=Wobj1;
MoveC Target_40, Target_50, v200, z0, MyNewTool\WObj：=Wobj1;
MoveC Target_60, Target_70, v200, z0, MyNewTool\WObj：=Wobj1;
MoveC Target_80, Target_90, v200, z0, MyNewTool\WObj：=Wobj1;
MoveC Target_100, Target_110, v200, z0, MyNewTool\WObj：=Wobj1;
MoveC Target_120, Target_130, v200, z0, MyNewTool\WObj：=Wobj1;
MoveL Target_140, v200, z0, MyNewTool\WObj：=Wobj1;
MoveC Target_150, Target_160, v200, z0, MyNewTool\WObj：=Wobj1;
MoveC Target_170, Target_180, v200, z0, MyNewTool\WObj：=Wobj1;
MoveC Target_190, Target_200, v200, z0, MyNewTool\WObj：=Wobj1;
MoveC Target_210, Target_220, v200, z0, MyNewTool\WObj：=Wobj1;
MoveC Target_230, Target_240, v200, z0, MyNewTool\WObj：=Wobj1;
MoveL Target_250, v200, z0, MyNewTool\WObj：=Wobj1;
MoveL Target_260, v200, z0, MyNewTool\WObj：=Wobj1;
MoveL Target_270, v200, z0, MyNewTool\WObj：=Wobj1;
MoveL Target_280, v200, z0, MyNewTool\WObj：=Wobj1;
MoveC Target_290, Target_300, v200, z0, MyNewTool\WObj：=Wobj1;
MoveL Target_310, v200, z0, MyNewTool\WObj：=Wobj1;
MoveL Target_320, v200, z0, MyNewTool\WObj：=Wobj1;
MoveC Target_330, Target_340, v200, z0, MyNewTool\WObj：=Wobj1;
MoveC Target_350, Target_360, v200, z0, MyNewTool\WObj：=Wobj1;
MoveC Target_370, Target_380, v200, z0, MyNewTool\WObj：=Wobj1;
MoveC Target_390, Target_400, v200, z0, MyNewTool\WObj：=Wobj1;
MoveC Target_410, Target_420, v200, z0, MyNewTool\WObj：=Wobj1;
MoveL Target_430, v200, z0, MyNewTool\WObj：=Wobj1;
MoveL Target_440, v200, z0, MyNewTool\WObj：=Wobj1;
MoveL Target_450, v200, z0, MyNewTool\WObj：=Wobj1;
MoveL Target_460, v200, z0, MyNewTool\WObj：=Wobj1;
MoveL Target_470, v200, z0, MyNewTool\WObj：=Wobj1;
MoveC Target_480, Target_490, v200, z0, MyNewTool\WObj：=Wobj1;
MoveC Target_500, Target_510, v200, z0, MyNewTool\WObj：=Wobj1;
MoveC Target_520, Target_530, v200, z0, MyNewTool\WObj：=Wobj1;
MoveL Target_540, v200, z0, MyNewTool\WObj：=Wobj1;
MoveC Target_550, Target_560, v200, z0, MyNewTool\WObj：=Wobj1;
MoveC Target_570, Target_580, v200, z0, MyNewTool\WObj：=Wobj1;
MoveC Target_590, Target_600, v200, z0, MyNewTool\WObj：=Wobj1;
MoveC Target_610, Target_620, v200, z0, MyNewTool\WObj：=Wobj1;

```
        MoveC Target_630, Target_640, v200, z0, MyNewTool\WObj: =Wobj1;
        MoveC Target_650, Target_660, v200, z0, MyNewTool\WObj: =Wobj1;
        MoveL Target_670, v200, z0, MyNewTool\WObj: =Wobj1;
        MoveC Target_680, Target_690, v200, z0, MyNewTool\WObj: =Wobj1;
        MoveC Target_700, Target_710, v200, z0, MyNewTool\WObj: =Wobj1;
        MoveL Target_720, v200, z0, MyNewTool\WObj: =Wobj1;
        MoveL Target_730, v200, z0, MyNewTool\WObj: =Wobj1;
        MoveL Target_740, v200, z0, MyNewTool\WObj: =Wobj1;
        MoveL Target_750, v200, z0, MyNewTool\WObj: =Wobj1;
        MoveL Target_760, v200, z0, MyNewTool\WObj: =Wobj1;
        MoveC Target_770, Target_780, v200, z0, MyNewTool\WObj: =Wobj1;
        MoveC Target_790, Target_800, v200, z0, MyNewTool\WObj: =Wobj1;
        MoveL Target_810, v200, z0, MyNewTool\WObj: =Wobj1;
        MoveL Target_820, v200, z0, MyNewTool\WObj: =Wobj1;
        MoveC Target_830, Target_840, v200, z0, MyNewTool\WObj: =Wobj1;
        MoveC Target_850, Target_860, v200, fine, MyNewTool\WObj: =Wobj1;
        MoveL Target_10_2, v200, z0, MyNewTool\WObj: =Wobj1;
        MoveJ PHome, v200, fine, MyNewTool\WObj: =wobj0;
    ENDPROC
    PROC Path_20( )
        MoveJ PHome, v200, z0, MyNewTool\WObj: =wobj0;
        MoveJ Target_870_2, v200, z0, MyNewTool\WObj: =Wobj1;
        MoveL Target_870, v200, fine, MyNewTool\WObj: =Wobj1;
        MoveC Target_880, Target_890, v200, z0, MyNewTool\WObj: =Wobj1;
        MoveC Target_900, Target_910, v200, z0, MyNewTool\WObj: =Wobj1;
        MoveC Target_920, Target_930, v200, fine, MyNewTool\WObj: =Wobj1;
        MoveL Target_930_2, v200, z0, MyNewTool\WObj: =Wobj1;
        MoveJ PHome, v200, fine, MyNewTool\WObj: =wobj0;
    ENDPROC
ENDMODULE
```

【练一练】打开任务 2 中完成的工作站，对路径中的目标点进行机器人目标点及轴配置参数调整。

要求：机器人运动时机器人工具处于合适的姿态，在运动轨迹中添加过渡点和安全点。

6.5.4　任务 4　机器人 TCP 跟踪

在机器人运行过程中，可以监控工具 TCP 的运动轨迹，以便于分析使用。单击"仿真"选项卡中的"TCP 跟踪"，然后进行设置，如图 6-38 所示。

在"TCP 跟踪"窗口下，做如下监控设置：

勾选"启用 TCP 跟踪"，记录机器人激光切割任务的轨迹，轨迹颜色设置为白色，如图 6-39 所示。TCP 跟踪功能还可对信号、事件等的变化进行跟踪分析。

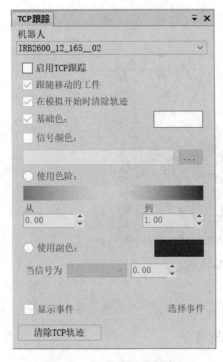

图 6-38　TCP 跟踪设置窗口

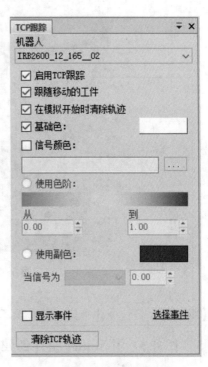

图 6-39　启用 TCP 跟踪

为了便于观察 TCP 轨迹，将工作站中的路径和目标点隐藏。在"基本"选项卡下，点击"显示/隐藏"，取消勾选"全部目标点/框架"和"全部路径"，如图 6-40 所示。

设置完成以后，在"仿真"选项卡下，单击"仿真设定"，对要查看的路径进行选择。然后，单击"仿真"选项卡中的"播放"，查看机器人沿路径运动的情况，如图 6-41 所示。

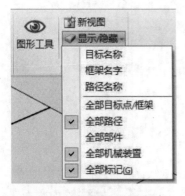

图 6-40　隐藏路径和目标点

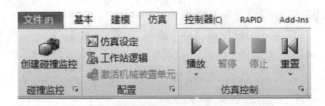

图 6-41　仿真设定与播放

由于启用了"TCP 跟踪"，在仿真运行中能够记录和显示机器人的运行轨迹，轨迹颜色显示为白色，如图 6-42 所示。

图 6-42　TCP 跟踪显示

【练一练】将任务 3 中完成的仿真工作站文件打开，练习 TCP 跟踪功能的使用。

6.5.5　任务 5　用 Smart 组件创建显示/隐藏效果

在工业机器人激光切割、喷涂等应用中，为了反映出加工前后工件的变化，可使用 Smart 组件中的 Hide 和 Show 子组件来控制工件加工前后的隐藏和显示。具体操作如下：

（1）创建 Smart 组件

在"建模"选项卡中，点击"Smart 组件"，新建两个 Smart 组件，分别命名为"加工前"和"加工后"。

（2）添加与设置子组件

在"加工前"组件上点击鼠标右键，选择"编辑组件"，如图 6-43 所示。

在打开的组件窗口中，选择"添加组件"，依次选择 "动作">"Show"和"动作">"Hide"，如图 6-44 所示。

然后对"加工前"Smart 组件中的子组件 Show 和 Hide 的属性进行设置，如图 6-45 所示。

在打开的组件窗口中，继续选择"添加组件"，依次选择"信号和属性">"LogicGate"，如图 6-46 所示。

对"LogicGate"的属性进行设置，将其设置为非门 "NOT"，如图 6-47 所示。

同理，对"加工后"Smart 组件进行编辑，也依次添加子组件 Show、Hide 和 LogicGate。并在子组件 Show、Hide 的属性中，将对象 Object 设置为加工后的工件模型

图 6-43　编辑组件

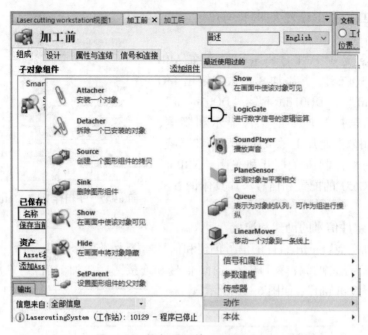

图 6-44　添加子组件 Show 和 Hide

图 6-45　子组件 Show 和 Hide 属性设置

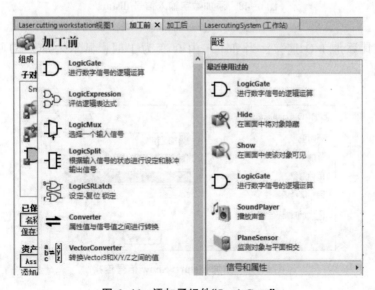

图 6-46　添加子组件"LogicGate"

workpiece，将 LogicGate 设置为非门"NOT"。

（3）配置信号

在"控制器"选项卡"I/O System"中配置 ABB
标准 I/O 板 DSQC651，并添加 3 个数字输出 I/O
信号"DO00start"、"DO01finish"、"DO02open"。
"DO00start"用来控制加工前工件显示和隐藏，
"DO01finish"用来控制加工后成品的显示和隐藏，
"DO02open"用来控制激光打开和关闭。ABB 标
准 I/O 板 DSQC651 的配置和信号添加具体请参考
4.5.2 节。

图 6-47　子组件 LogicGate 设置为非门

（4）Smart 组件信号的创建和连接

下面以"加工前"Smart 组件的信号创建和信号连接为例进行介绍。

在"加工前"组件的编辑窗口中，选择"信号和连接"，为"加工前"组件添加数字输入
类型的 I/O 信号"distart"，如图 6-48 所示。

图 6-48　添加数字输入信号 distart

然后，为其添加 I/O 连接，当 distart 由 0 变为 1 时，显示未加工的原料模型，如
图 6-49 所示。

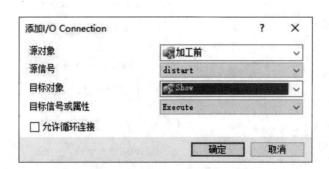

图 6-49　添加 distart>Show 信号连接

接着，继续添加两个 I/O 信号连接，如图 6-50、图 6-51 所示。当 distart 由 1 变为 0 时，隐藏未加工的原料模型。

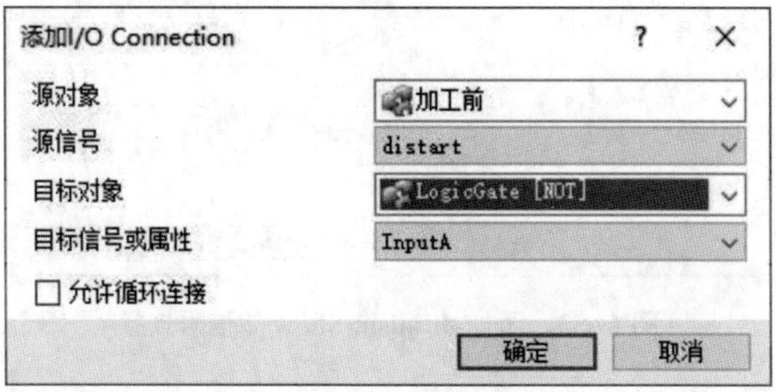

图 6-50 添加 **distart>LogicGate[NOT]** 信号连接

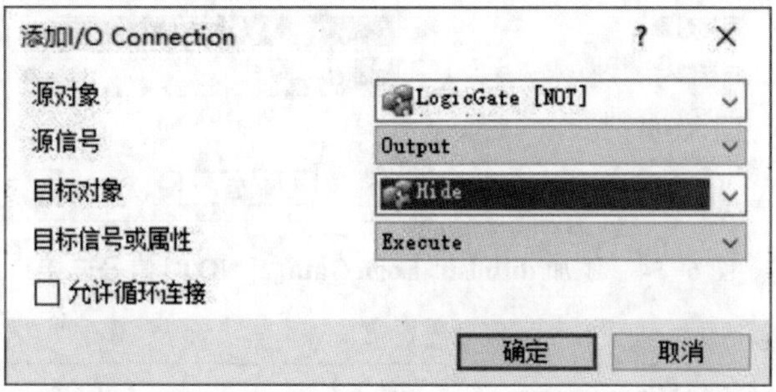

图 6-51 添加 **LogicGate[NOT]>Hide** 信号连接

同理，对"加工后"Smart 组件的信号和信号连接予以设置，设置情况具体如图 6-52 至图 6-55 所示。

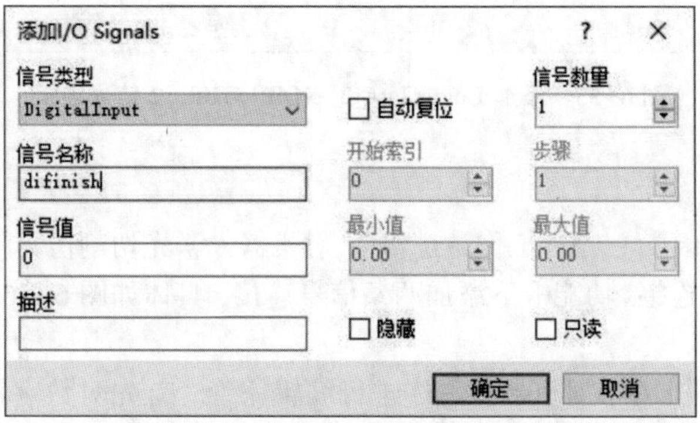

图 6-52 添加数字输入信号 **difinish**

通过图 6-52 至图 6-55 的设置，实现当 difinish 由 0 变为 1 时，显示加工后的工件模型；当 difinish 由 1 变为 0 时，隐藏加工后的工件模型。

图 6-53　添加 **difinish>Show_2** 信号连接

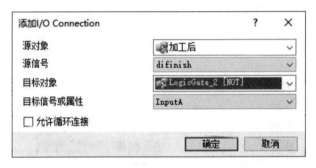

图 6-54　添加 **difinish>LogicGate_2**［**NOT**］信号连接

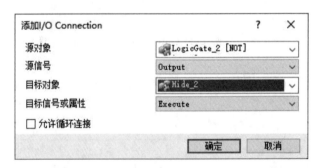

图 6-55　添加 **LogicGate_2**［**NOT**］**>Hide_2** 信号连接

（5）工作站逻辑设定

在"仿真"选项卡中，点击"工作站逻辑"，对机器人激光切割仿真工作站的运行逻辑进行设定。在"信号和连接"功能卡下添加两条信号连接，具体如图 6-56 和图 6-57 所示。

（6）完善程序

在"RAPID"选项卡中，对机器人程序进行编辑完善。首先对数字输出信号 DO00start、DO01finish、DO02open 进行初始化，然后将 DO00start 置位，显示待加工原材料模型。待激光切割轨迹程序运行以后，将 DO00start 信号复位，隐藏待加工原材料模型，并将 DO01finish 置位，显示加工完成后的工件模型。如上所述，增加信号控制指令以后，主程序如下：

图 6-56 添加 **DO00start>distart** 信号连接

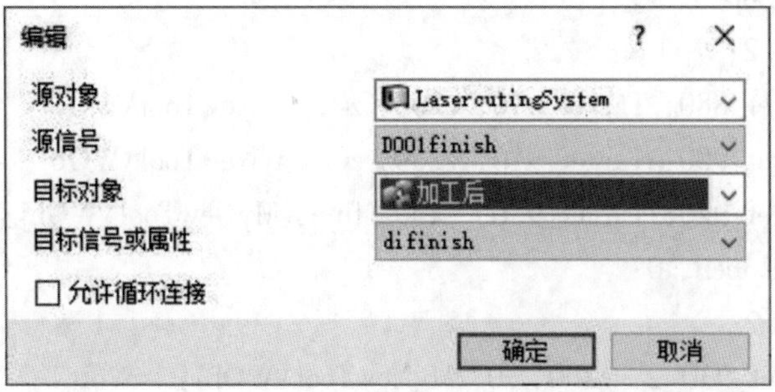

图 6-57 添加 **DO01finish>difinish** 信号连接

PROC main( )

  Reset DO00start；

  Reset DO01finish；

  Reset DO02open；

  Set DO00start；

  Path_20；

  Path_10；

  Reset DO00start；

  Set DO01finish；

ENDPROC

  另外，还要在 Path_10、Path_20 程序中添加激光控制指令，在每一段激光切割轨迹的起始点打开激光，在轨迹结束点关闭激光。Path_10、Path_20 程序如下：

PROC Path_10( )

  MoveJ PHome，v200，z0，MyNewTool\WObj：=wobj0；

  MoveJ Target_10_2，v200，z0，MyNewTool\WObj：=Wobj1；

  MoveL Target_10，v200，fine，MyNewTool\WObj：=Wobj1；

  SetDO DO02open，1；

  WaitTime 0. 2；

   ⋮

```
        MoveC Target_850，Target_860，v200，fine，MyNewTool\WObj：=Wobj1；
        SetDO DO02open，0；
        WaitTime 0.2；
        MoveL Target_10_2，v200，z0，MyNewTool\WObj：=Wobj1；
        MoveJ PHome，v200，fine，MyNewTool\WObj：=wobj0；
    ENDPROC
    PROC Path_20( )
        MoveJ PHome，v200，z0，MyNewTool\WObj：=wobj0；
        MoveJ Target_870_2，v200，z0，MyNewTool\WObj：=Wobj1；
        MoveL Target_870，v200，fine，MyNewTool\WObj：=Wobj1；
        SetDO DO02open，1；
        WaitTime 0.2；
        MoveC Target_880，Target_890，v200，z0，MyNewTool\WObj：=Wobj1；
        MoveC Target_900，Target_910，v200，z0，MyNewTool\WObj：=Wobj1；
        MoveC Target_920，Target_930，v200，fine，MyNewTool\WObj：=Wobj1；
        SetDO DO02open，0；
        WaitTime 0.2；
        MoveL Target_930_2，v200，z0，MyNewTool\WObj：=Wobj1；
        MoveJ PHome，v200，fine，MyNewTool\WObj：=wobj0；
    ENDPROC
```

【练一练】将任务 4 中完成的仿真工作站文件打开，使用 Smart 组件实现激光切割加工前显示原材料、隐藏成品，激光切割加工后隐藏原材料和显示成品的动态效果。在激光切割时，为了达到更好的切割效果，一般会选择在工件周围加切割引线，从而避开穿孔时留下的痕迹，请完善激光切割程序。

6.5.6 任务 6 在线调试

在软件中完成机器人离线编程以后，需要将程序下载到真实机器人控制器中对程序进行调试和运行。有时还需要把真实机器人控制器中的程序上载到软件，在软件中对程序进行修改以后再下载到机器人控制器。本任务将完成 RobotStudio 软件与机器人控制器的连接、程序编辑、在线备份与程序恢复。大家通过本任务可掌握 RobotStudio 软件与硬件连接的一般流程及在线编辑程序的方法。

为了保证软件中创建的机器人程序能够应用到真实环境中，在软件中创建机器人工作站时应当尽可能接近实际当中的情况。通常在将机器人程序下载到实际机器人中应用前，需对工具与工件坐标进行标定。

（1）标定工具

首先，通过直接测量或四点法、五点法或六点法标定工具的 TCP，并将数据记录下来。本项目中测量得到工具的 TCP 数值为 X=-14.00，Y=0，Z=158.50。

然后在软件中修改工具数据。修改工具数据的具体操作如下：

在 RobotStudio 软件的"控制器"选项卡下，点击"示教器"，打开虚拟示教器并将其切换至手动模式。接着点击虚拟示教器左上角的菜单按钮，选择"手动操纵"，在"手动操纵"界面中选择"工具坐标"，如图 6-58 所示。

(a) 选择手动操纵

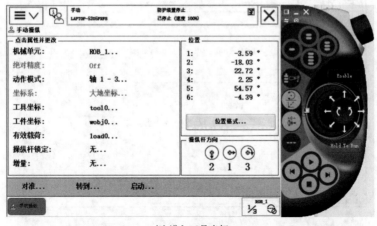

(b) 进入工具坐标

图 6-58　选择工具坐标

进入工具界面后，选择所使用的工具 MyNewTool，然后选择"编辑">"更改值"，在编辑界面下，把考虑激光焦点偏移的实际 TCP 值输入到对应的 x、y、z 位置，例如本项目中需要将 x 值修改为 -14，y 值修改为 0，z 值修改为 160，修改以后点击"确定"，如图 6-59 所示，从而完成工具的标定。

（2）标定工件坐标

接着，进行工件坐标的标定。在真实的环境中，找到与软件中工件坐标对应的工件坐标实际位置，操纵机器人到该位置进行工件坐标的标定，具体操作如下：

将机器人工具 TCP 移动到真实环境中工件坐标中 x 轴上的第一点 X1，记录当前机器人位置为（X = 606.32，Y = -240.71，Z = 550.27）。接着，使机器人工具的 TCP 点分别移动

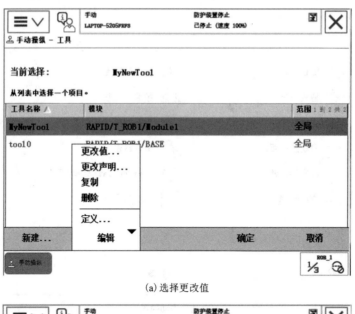

(a) 选择更改值

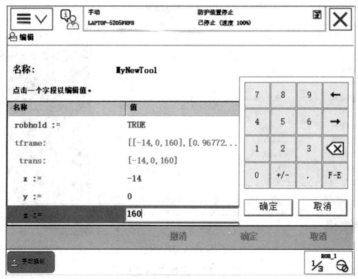

(b) 输入坐标数据

图 6-59　修正工具数据

到 X2 和 Y1 点，分别记录机器人的位置数据，X2 为（ X = 1086.32，Y = − 240.20，Z = 550.27），Y1 为（X = 605.81，Y = 239.29，Z = 550.27）。真实环境中的 X1、X2、Y1 的位置如图 6-60 所示。

　　然后，在"基本"选项卡下，选择"路径和目标点"，依次展开"System"＞"T_ROB1"＞"工件坐标 & 目标点"，在工件坐标 wobj1 上点击鼠标右键，在弹出的快捷菜单中选择"修改工件坐标"，如图 6-61 所示。

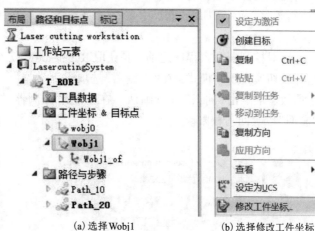

（a）选择Wobj1　　　　　　（b）选择修改工件坐标

图 6-60　真实环境中的位置点　　　　　图 6-61　打开修改工件坐标方法

在"修改工件坐标"窗口中，选择"用户坐标框架"下"取点创建框架"右侧的下拉按钮，在弹出的界面中选择"三点"，如图 6-62（a）所示。

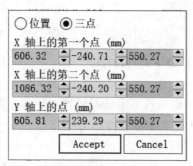

（a）取点创建框架　　　　　　（b）修改工件坐标数值

图 6-62　修正工件坐标

然后，在该窗口中点击对应点的输入框，将在真实环境中记录的位置数据输入到对应的输入框中，然后单击"Accept"，如图 6-62（b）所示。

完成工件坐标标定以后，将工件坐标同步到 RAPID。另外，也可在示教器中更新实际工作坐标位置。

通过以上操作，就可以将真实环境与软件中的机器人和工件的位置进行对应，然后可将机器人程序下载到机器人控制器进行运行。

（3）连接硬件系统

接下来，进行软件与硬件系统的连接，并下载机器人程序。

要进行软件与硬件系统连接，首先要通过网线连接装有 RobotStudio 软件的电脑与机器人的控制柜。网线的一端连接到计算机的网线端口，另一端与机器人专用网线端口连接，要根据 ABB 机器人不同类型的控制柜的实际情况连接。

完成硬件连接以后，在"控制器"选项卡下，单击"添加控制器"下方黑色箭头，选择"一键连接"或"添加控制器"，如图 6-63 所示。选中已连接上的控制器，然后点击"确定"。

在对控制器写入程序之前，要获取 RobotStudio 软件的在线控制权限。将机器人状态钥匙开关切换到手动模式，在"控制器"选项卡下选择"请求写权限"，如图 6-64 所示。然后在示教器上点击"同意"进行确认。在完成对控制器的写操作后，要记得在示教器上单击"撤回"以收回写权限。

图 6-63　添加控制器

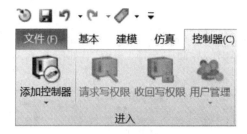

图 6-64　请求写权限

这样就可使用示教器来运行机器人程序，先将机器人的运行模式打到手动模式，进行单步运行，确认程序无误后再自动运行。

（4）在线编辑程序

在实际中，结合实际情况经常会需要在线对机器人程序进行微调。下面以修改机器人的运动速度为例介绍在线编辑程序。

在线编辑程序的前提是，要建立 RobotStudio 与机器人的连接，具体参考"（3）连接硬件系统"的详细介绍。

在"RAPID"选项卡下，双击 Module，找到子程序 PROC Path_10( )，改变当前运动程序任务中的机械臂移动的速度，把当前速度覆盖为 70%，具体如下：

VAR num change_speed：= 70；

SpeedRefresh change_speed；

修改以后点击"应用"，如图 6-65 所示。

在主程序的开始行按 Enter 回车另起一行，如图 6-66 所示。

在"RAPID"选项卡下，选择"指令">"Settings">"VelSet"，如图 6-67 所示。

设置参数为最大倍率 100%，最大速度 1000 mm/s，VelSet 100，1000，如图 6-68 所示。

编辑完程序以后，在"控制器"选项卡下，选择"收回写权限"。

Laser cutting workstation视图1	LasercutingSystem (工作站) ×

T_ROB1/Module1 ×

```
113      PROC Path_10()
114          VAR num change_speed:=70;
115          SpeedRefresh change_speed;
116          MoveJ PHome,v200,z0,MyNewTool\WObj:=wobj0;
117          MoveJ Target_10_2,v200,z0,MyNewTool\WObj:=Wobj1;
118          MoveL Target_10,v200,fine,MyNewTool\WObj:=Wobj1;
119          SetDO DO02open,1;
120          WaitTime 0.2;
```

图 6-65　修改运动速度

Laser cutting workstation视图1	LasercutingSystem (工作站) ×

T_ROB1/Module1* ×

```
101
102      PROC main()
103
104          Reset DO00start;
105          Reset DO01finish;
106          Reset DO02open;
107          Set DO00start;
108          Path_10;
109          Path_20;
110          reset DO00start;
111          Set DO01finish;
112      ENDPROC
```

图 6-66　回车换行

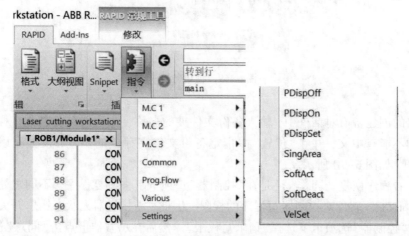

图 6-67　插入 VelSet 指令

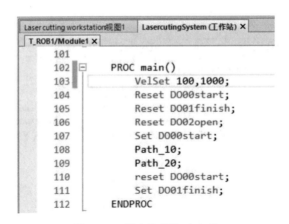

图 6-68　程序编辑修改完成

（5）程序备份与恢复

定期对 ABB 机器人的程序和数据进行备份，是使机器人正常运行的良好习惯。ABB 机器人数据备份的对象是所有正在系统内存运行的 RAPID 程序和系统参数。具体操作步骤如下：

首先来看程序备份。在"控制器"选项卡下，点击"备份"下方黑色箭头，选择"创建备份"，如图 6-69 所示。

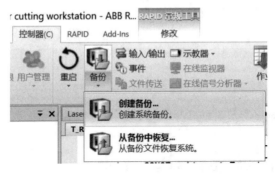

图 6-69　创建备份

在弹出的创建备份对话框中，输入备份文件夹的名称，注意和系统名称一样，备份文件名称同样不能有中文，并在"位置"中指定备份文件夹存放的位置，设置完以后，点击"确定"按钮，如图 6-70 所示。

其次来看程序恢复。同样，还是在"控制器"选项卡下去恢复程序。不同之处在于首先要获得 RobotStudio 软件对控制器写程序的权限。因此，需将机器人状态钥匙开关切换到手动模式，在"控制器"选项卡下选择"请求写权限"。然后在示教器上点击"同意"进行确认。获得写权限以后，再在"控制器"选项卡下，点击"备份"下方黑色箭头，选择"从备份中恢复"，如图 6-71 所示。

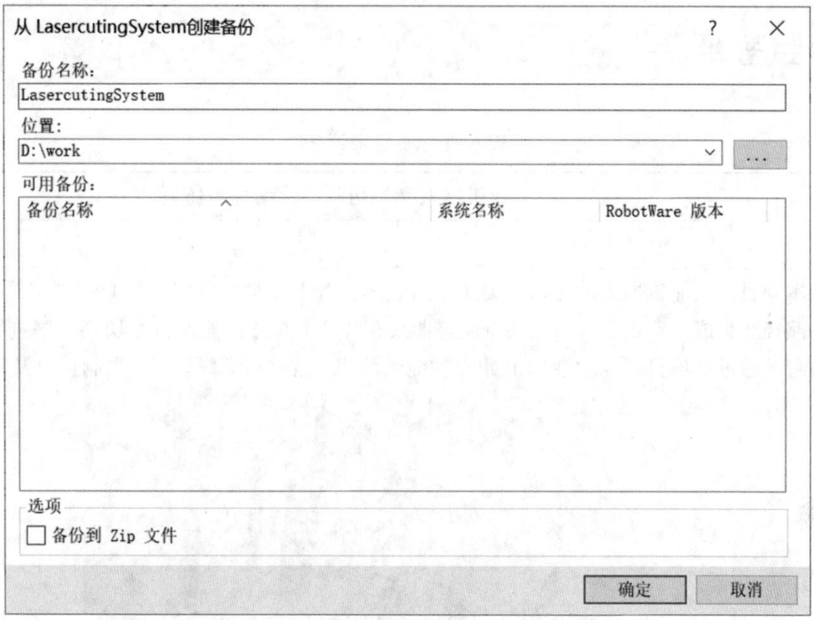

图 6-70　备份设置

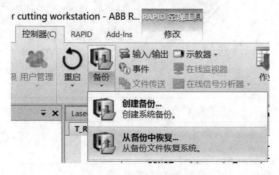

图 6-71　从备份中恢复

选择要恢复的备份文件，然后点击"确定"按钮。以上便是进行 ABB 机器人在线调试的主要任务。

【练一练】测量并记录实际工具的 TCP 数据，将数据输入软件中的工具 TCP 位置设置处。其次，测量并记录实际工件坐标的数据，并将数据输入软件中的工件坐标位置设置处。最后，联机将机器人程序下载到机器人控制器中运行。

6.6　项目考评

表 6-1　项目考评表

项目名称	工业机器人激光切割离线编程与仿真		
姓名		日期	

项目要求：本项目以工业机器人激光切割工作站为载体，创建机器人自定义激光切割工具，运用自动路径法生成工业机器人激光切割轨迹曲线和程序，并对机器人激光切割程序进行调整和完善。通过本项目还要学会 TCP 跟踪功能的使用、显示和隐藏动画效果制作以及在线调试等

二维码

序号	考查项目	考查要点	评价结果
1	知识	1. 工业机器人激光切割工作站的基本组成	□掌握　□初步掌握　□未掌握
		2. 机器人轴配置数据与奇异点的管理	□掌握　□初步掌握　□未掌握
		3. 机器人速度相关设置以及程序停止指令	□掌握　□初步掌握　□未掌握
		4. 机器人自动路径轨迹编程方法	□掌握　□初步掌握　□未掌握
		5. 在线调试的流程	□掌握　□初步掌握　□未掌握

续上表

序号	考查项目	考查要点	评价结果			
2	技能	1. 创建机器人自定义激光切割工具	□优秀	□良好	□一般	□继续努力
		2. 运用自动路径法创建机器人轨迹曲线和程序，会进行目标点与轴配置参数调整和激光切割程序的完善	□优秀	□良好	□一般	□继续努力
		3. 使用 TCP 跟踪功能进行轨迹跟踪	□优秀	□良好	□一般	□继续努力
		4. 制作显示和隐藏工件的动画效果	□优秀	□良好	□一般	□继续努力
		5. 对工具、零件进行标定，在线编辑调试程序	□优秀	□良好	□一般	□继续努力
3	素养	1. 严谨细致、知行合一	□优秀	□良好	□一般	□继续努力
		2. 工程思维、创新精神	□优秀	□良好	□一般	□继续努力
学习体会						

6.7　项目拓展

请选择喜爱的文字或者图案，例如社会主义核心价值观中的"爱国""敬业""诚信""友善"，冬奥会吉祥物"冰墩墩"等，在如图 6-72 所示的工业机器人激光切割仿真工作站中，创建机器人激光切割轨迹曲线，生成机器人运动轨迹程序，并调整和完善程序。练习 TCP 跟踪功能的使用，制作工件显示和隐藏动画，对工具、零件进行标定，完成机器人激光切割的在线调试。

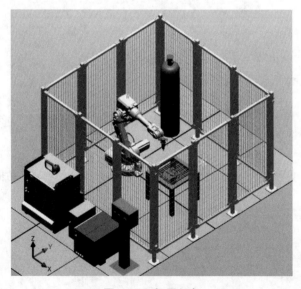

图 6-72　拓展任务

参考文献

［1］叶晖，等.工业机器人工程应用虚拟仿真教程［M］.第 2 版.北京：机械工业出版社，2021.

［2］叶晖，高鑫燚，何智勇，等.工业机器人实操与应用技巧［M］.第 2 版.北京：机械工业出版社，2018.

［3］双元教育.工业机器人离线编程与仿真［M］.北京：高等教育出版社，2018.